中华人民共和国住房和城乡建设部

建设工程施工机械台班费用编制规则

中国计划出版社

2015 北 京

图书在版编目（CIP）数据

建设工程施工机械台班费用编制规则/住房和城乡建设部标准定额研究所主编. —北京：中国计划出版社，2015. 7
ISBN 978-7-5182-0187-7

Ⅰ. ①建…　Ⅱ. ①住…　Ⅲ. ①建筑工程－施工机械－费用－工时定额－编制－规则－中国　Ⅳ. ①TU723. 3-65

中国版本图书馆 CIP 数据核字（2015）第 130340 号

建设工程施工机械台班费用编制规则

住房和城乡建设部标准定额研究所　主编

中国计划出版社出版
网址：www. jhpress. com
地址：北京市西城区木樨地北里甲 11 号国宏大厦 C 座 3 层
邮政编码：100038　电话：（010）63906433（发行部）
新华书店北京发行所发行
三河富华印刷包装有限公司印刷

880mm×1230mm　1/16　8. 75 印张　276 千字
2015 年 7 月第 1 版　2015 年 7 月第 1 次印刷
印数 1—5000 册

ISBN 978-7-5182-0187-7
定价：49. 00 元

主编部门：中华人民共和国住房和城乡建设部

批准部门：中华人民共和国住房和城乡建设部

施行日期：2015年9月1日

住房城乡建设部关于印发《房屋建筑与装饰工程消耗量定额》、《通用安装工程消耗量定额》、《市政工程消耗量定额》、《建设工程施工机械台班费用编制规则》、《建设工程施工仪器仪表台班费用编制规则》的通知

建标〔2015〕34 号

各省、自治区住房城乡建设厅，直辖市建委，国务院有关部门：

为贯彻落实《住房城乡建设部关于进一步推进工程造价管理改革的指导意见》（建标〔2014〕142 号），我部组织修订了《房屋建筑与装饰工程消耗量定额》（编号为 TY 01—31—2015）、《通用安装工程消耗量定额》（编号为 TY 02—31—2015）、《市政工程消耗量定额》（编号为 ZYA 1—31—2015）、《建设工程施工机械台班费用编制规则》以及《建设工程施工仪器仪表台班费用编制规则》，现印发给你们，自 2015 年 9 月 1 日起施行。执行中遇到的问题和有关建议请及时反馈我部标准定额司。

我部 1995 年发布的《全国统一建筑工程基础定额》，2002 年发布的《全国统一建筑装饰工程消耗量定额》，2000 年发布的《全国统一安装工程预算定额》，1999 年发布的《全国统一市政工程预算定额》，2001 年发布的《全国统一施工机械台班费用编制规则》，1999 年发布的《全国统一安装工程施工仪器仪表台班费用定额》同时废止。

以上定额及规则由我部标准定额研究所组织中国计划出版社出版发行。

中华人民共和国住房和城乡建设部

2015 年 3 月 4 日

目　次

1　总则 …… (1)
2　施工机械类别及项目划分 …… (2)
3　施工机械台班单价的费用组成 …… (3)
4　施工机械台班单价的费用计算 …… (4)
4.1　折旧费 …… (4)
4.2　检修费 …… (5)
4.3　维护费 …… (5)
4.4　安拆费及场外运费 …… (6)
4.5　人工费 …… (6)
4.6　燃料动力费 …… (7)
4.7　其他费 …… (7)
5　施工机械原值采集及取定 …… (8)
6　施工机械停滞费及租赁费 …… (9)

附录 A　施工机械基础数据

说明 …… (13)
一、土石方及筑路机械 …… (14)
二、桩工机械 …… (21)
三、起重机械 …… (25)
四、水平运输机械 …… (30)
五、垂直运输机械 …… (34)
六、混凝土及砂浆机械 …… (37)
七、加工机械 …… (41)
八、泵类机械 …… (50)
九、焊接机械 …… (53)
十、动力机械 …… (56)

十一、地下工程机械 …… (58)
十二、其他机械 …… (64)

附录 B 施工机械台班参考单价

说明 …… (69)
一、土石方及筑路机械 …… (71)
二、桩工机械 …… (80)
三、起重机械 …… (85)
四、水平运输机械 …… (90)
五、垂直运输机械 …… (94)
六、混凝土及砂浆机械 …… (97)
七、加工机械 …… (101)
八、泵类机械 …… (110)
九、焊接机械 …… (113)
十、动力机械 …… (116)
十一、地下工程机械 …… (118)
十二、其他机械 …… (123)
十三、单独计算的费用 …… (125)

1　总　　则

1.0.1　为满足各省、自治区、直辖市和国务院有关部门(以下简称各地区、部门)及有关单位编制建设工程施工机械台班费用定额的需要,统一建设工程施工机械名称、规格、编码、台班费用组成及计算方法,适应建设工程施工机械台班单价的动态管理,制定《建设工程施工机械台班费用编制规则》(以下简称本规则)。

1.0.2　本规则适用于建设工程施工机械台班费用定额的编制,作为编制建设工程施工机械台班费用定额和确定建设工程施工机械台班单价的依据。

1.0.3　本规则附录A施工机械基础数据作为编制建设工程施工机械台班费用定额的基础数据,附录B施工机械台班参考单价作为确定建设工程施工机械台班单价的参考。

2 施工机械类别及项目划分

2.0.1 施工机械划分为下列十二个类别：

1 土石方及筑路机械；

2 桩工机械；

3 起重机械；

4 水平运输机械；

5 垂直运输机械；

6 混凝土及砂浆机械；

7 加工机械；

8 泵类机械；

9 焊接机械；

10 动力机械；

11 地下工程机械；

12 其他机械。

2.0.2 施工机械的编码由9位数组成。1、2位为施工机械类别总编码，3、4位为施工机械分类编码，5、6、7位为施工机械名称编码，8、9位为施工机械的顺序编码。

2.0.3 建设工程施工机械台班费用定额编制应按照本规则附录A施工机械基础数据中的施工机械名称、规格及编码规定编制；附录A中未包括的施工机械项目，编制人可参照附录A，结合编制期实际进行补充。

2.0.4 类别、性能和规格与国产施工机械相同的进口机械，按国产施工机械进行项目设置。

2.0.5 各专业部门根据本部门实际增列专业机械类别时，应将补充类别和编码报送全国统一施工机械台班费用定额管理组。

3　施工机械台班单价的费用组成

3.0.1　施工机械台班单价由下列七项费用组成：

1　折旧费：指施工机械在规定的耐用总台班内，陆续收回其原值的费用。

2　检修费：指施工机械在规定的耐用总台班内，按规定的检修间隔进行必要的检修，以恢复其正常功能所需的费用。

3　维护费：指施工机械在规定的耐用总台班内，按规定的维护间隔进行各级维护和临时故障排除所需的费用。保障机械正常运转所需替换设备与随机配备工具附具的摊销费用、机械运转及日常维护所需润滑与擦拭的材料费用及机械停滞期间的维护费用等。

4　安拆费及场外运费：安拆费指施工机械在现场进行安装与拆卸所需的人工、材料、机械和试运转费用以及机械辅助设施的折旧、搭设、拆除等费用，场外运费指施工机械整体或分体自停放地点运至施工现场或由一施工地点运至另一施工地点的运输、装卸、辅助材料等费用。

5　人工费：指机上司机（司炉）和其他操作人员的人工费。

6　燃料动力费：指施工机械在运转作业中所耗用的燃料及水、电等费用。

7　其他费：指施工机械按照国家规定应缴纳的车船税、保险费及检测费等。

4　施工机械台班单价的费用计算

4.0.1　施工机械台班单价应按下式计算：

台班单价 = 折旧费 + 检修费 + 维护费 + 安拆费及场外运费 + 人工费 + 燃料动力费 + 其他费

4.0.2　施工机械台班应按八小时工作制计算。

4.1　折　旧　费

4.1.1　折旧费应按下式计算：

$$折旧费 = \frac{预算价格 \times (1 - 残值率)}{耐用总台班}$$

4.1.2　国产施工机械预算价格应按下式计算：

国产施工机械预算价格 = 施工机械原值 + 相关手续费和一次运杂费 + 车辆购置税

1　施工机械原值应按本规则第5.0.2条取定。

2　相关手续费和一次运杂费应按实际费用综合取定，也可按其占施工机械原值的百分率取定。

3　车辆购置税应按下式计算：

车辆购置税 = 计税价格 × 车辆购置税率

1）计税价格 = 机械原值 + 相关手续费和一次运杂费 − 增值税。

2）车辆购置税率应执行编制期国家有关规定计算。

4.1.3　进口施工机械预算价格应按下式计算：

进口施工机械预算价格 = 到岸价格 + 关税 + 增值税 + 消费税 + 相关手续费 + 国内一次运杂费 + 银行财务费用 + 车辆购置税

1　到岸价格应按编制期施工企业签订的采购合同、外贸与海关等部门的有关规定及相应的外汇汇率计算取定。

2　关税、增值税、消费税及银行财务费用应执行编制期国家有关规定，并参照实际发生的费用计算。也可按其占施工机械原值的百分率取定。

3　相关手续费和国内一次运杂费按实际费用综合取定，也可按其占施工机械原值的百分率取定。

4　施工机械原值应按本规则第5.0.3条取定。

5　车辆购置税应按下式计算：

车辆购置税 = 计税价格 × 车辆购置税率

1）计税价格 = 到岸价格 + 关税 + 消费税。

2)车辆购置税率应执行编制期国家有关规定计算。

4.1.4 残值率指施工机械报废时回收其残余价值占施工机械预算价格的百分数。残值率应按编制期国家有关规定取定。

4.1.5 耐用总台班指施工机械从开始投入使用至报废前使用的总台班数。耐用总台班应按相关技术指标取定。

4.1.6 年工作台班指施工机械在一个年度内使用的台班数量。年工作台班应在编制期制度工作日基础上扣除检修、维护天数及考虑机械利用率等因素综合取定。

4.1.7 折旧年限指施工机械逐年计提固定资产折旧的年限。折旧年限应按编制期国家有关规定取定。

$$\text{折旧年限}=\frac{\text{耐用总台班}}{\text{年工作台班}}$$

折旧年限在规定的年限内取整数。

4.2 检 修 费

4.2.1 检修费按下式计算:

$$\text{检修费}=\frac{\text{一次检修费}\times\text{检修次数}}{\text{耐用总台班}}$$

4.2.2 一次检修费指施工机械一次检修发生的工时费、配件费、辅料费、油燃料费等。一次检修费应按施工机械的相关技术指标和参数为基础,结合编制期市场价格综合取定。可按其占预算价格的百分率取定。

4.2.3 检修次数指施工机械在其耐用总台班内的检修次数。检修次数应按施工机械的相关技术指标取定。

4.3 维 护 费

4.3.1 维护费按下式计算:

$$\text{维护费}=\frac{\sum(\text{各级维护一次费用}\times\text{各级维护次数})+\text{临时故障排除费}}{\text{耐用总台班}}+\text{替换设备和工具附具台班摊销费}$$

4.3.2 各级维护一次费用应按施工机械的相关技术指标,结合编制期市场价格综合取定。

4.3.3 各级维护次数应按施工机械的相关技术指标取定。

4.3.4 临时故障排除费可按各级维护费用之和的百分数取定。

4.3.5 替换设备和工具附具台班摊销费应按施工机械的相关技术指标,结合编制期市场价格综合取定。

4.3.6 当维护费计算公式中各项数值难以取定时,维护费也可按下式计算:

$$\text{维护费}=\text{检修费}\times K$$

K 为维护费系数,指维护费占检修费的百分数。K 值可按本规则附录 A 施工机械基础数据取值或按施工机械的相关技术指标取定。

4.4 安拆费及场外运费

4.4.1 安拆费及场外运费根据施工机械不同分为不需计算、计入台班单价和单独计算三种类型。

1 不需计算。

1)不需安拆的施工机械,不计算一次安拆费。

2)不需相关机械辅助运输的自行移动机械,不计算场外运费。

3)固定在车间的施工机械,不计算安拆费及场外运费。

2 计入台班单价。

安拆简单、移动需要起重及运输机械的轻型施工机械,其安拆费及场外运费计入台班单价。

3 单独计算。

1)安拆复杂、移动需要起重及运输机械的重型施工机械,其安拆费及场外运费单独计算。

2)利用辅助设施移动的施工机械,其辅助设施(包括轨道与枕木等)的折旧、搭设和拆除等费用可单独计算。

4.4.2 安拆费及场外运费应按下式计算:

$$\text{安拆费及场外运费} = \frac{\text{一次安拆费及场外运费} \times \text{年平均安拆次数}}{\text{年工作台班}}$$

1 一次安拆费应包括施工现场机械安装和拆卸一次所需的人工费、材料费、机械费、安全监测部门的检测费及试运转费。

2 一次场外运费应包括运输、装卸、辅助材料、回程等费用。

3 年平均安拆次数应按施工机械的相关技术指标,结合具体情况综合确定。

4 运输距离均按平均 30km 计算。

4.4.3 自升式塔式起重机、施工电梯安拆费的超高起点及其增加费,各地区、部门可根据具体情况取定。

4.5 人 工 费

4.5.1 人工费按下式计算:

$$\text{人工费} = \text{人工消耗量} \times \left(1 + \frac{\text{年制度工作日} - \text{年工作台班}}{\text{年工作台班}}\right) \times \text{人工单价}$$

4.5.2 人工消耗量指机上司机(司炉)和其他操作人员工日消耗量。

4.5.3 年制度工作日应执行编制期国家有关规定。

4.5.4 人工单价应执行编制期工程造价管理机构发布的信息价格。

4.6　燃料动力费

4.6.1　燃料动力费应按下式计算：

$$燃料动力费 = \sum(燃料动力消耗量 \times 燃料动力单价)$$

4.6.2　燃料动力消耗量应根据施工机械相关技术指标等参数及实测资料综合确定。

4.6.3　燃料动力单价应执行编制期工程造价管理机构发布的信息价格。

4.7　其　他　费

4.7.1　其他费应按下式计算：

$$其他费 = \frac{年车船税 + 年保险费 + 年检测费}{年工作台班}$$

4.7.2　年车船税、年检测费用应执行编制期国家及地方政府有关部门的规定。

4.7.3　年保险费应执行编制期国家及地方政府有关部门强制性保险的规定，非强制性保险不应计算在内。

5 施工机械原值采集及取定

5.0.1 施工机械原值应按下列途径询价、采集：

1 编制期施工企业购进施工机械的成交价格；

2 编制期施工机械展销会发布的参考价格；

3 编制期施工机械生产厂、经销商的销售价格；

4 其他能反映编制期施工机械价格水平的市场价格。

5.0.2 国产施工机械原值应按下列方法取定：

1 施工企业购入机械设备的成交价格，各地区、部门可结合本地区、部门实际，综合取定施工机械原值。

2 施工机械展销会采集的参考价格或从施工机械生产厂、经销商采集的销售价格，各地区、部门可结合本地区、部门的实际，测算价格调整系数取定施工机械原值。

3 对类别、名称、规格相同而生产厂家不同的施工机械，各地区、部门可根据施工企业实际购进情况，综合取定施工机械原值。

4 国产施工机械原值应按不含标准配置以外的附件及备用零配件的价格取定。

5.0.3 进口施工机械原值应按下列方法取定：

1 进口施工机械原值应按"到岸价格+关税"取定。

2 进口施工机械原值应按不含标准配置以外的附件及备用零配件的价格取定。

5.0.4 进口与国产施工机械规格相同的，应以国产为准取定施工机械原值。

5.0.5 机械原值的询价和采集，应将"机械原值询价单"作为编制资料整理归档。"机械原值询价单"应包括：机械名称、性能规格、成交价格、参考价格、销售价格、生产厂和附加说明。

6 施工机械停滞费及租赁费

6.0.1 施工机械停滞费指施工机械非自身原因停滞期间所发生的费用。

施工机械停滞费可按下式计算：

$$施工机械停滞费 = 折旧费 + 人工费 + 其他费$$

6.0.2 施工机械租赁费由各地区、部门参照租赁市场价格并结合本地区、部门实际确定。

附录 A　施工机械基础数据

说　明

一、《施工机械基础数据》(以下简称基础数据)是按照《建设工程施工机械台班费用编制规则》的规定和相关施工机械技术基础数据进行编制的,与附录 B 施工机械台班参考单价配套使用。

二、基础数据设置土石方及筑路机械、桩工机械、起重机械、水平运输机械、垂直运输机械、混凝土及砂浆机械、加工机械、泵类机械、焊接机械、动力机械、地下工程机械、其他机械共计 12 类 953 个项目。

三、基础数据内容包括:折旧年限、预算价格、残值率、年工作台班、耐用总台班、检修次数、一次检修费、一次安拆费及场外运费、年平均安拆次数、K 值。

1. 各项数据的取定均执行《建设工程施工机械台班费用编制规则》的相关规定。

2. 预算价格按 2013 年国内市场价格综合取定,其中:

(1)国产施工机械未计取相关手续费,一次运杂费按施工机械原值的 3% 取定,车辆购置税率按 10% 取定。

(2)进口施工机械关税按到岸价格的 10% 取定,未计取相关手续费,国内一次运杂费按施工机械原值的 3% 取定,银行财务费用按施工机械原值的 0.2% 取定,车辆购置税率按 10% 取定。

3. 折旧年限执行财政部规定的折旧年限范围。

4. 残值率按机械原值的 2% ~5% 计取,本附录按 5% 取定。

5. 年制度工作日执行 250 天。

6. 耐用总台班、年工作台班、一次检修费、检修次数、K 值、一次安拆费及场外运费、年平均安拆次数按相关技术指标取定。

一、土石方及筑路机械

编码	机械名称	性能规格		折旧年限	预算价格	残值率	年工作台班	耐用总台班	检修次数	一次检修费	一次安拆费及场外运费	年平均安拆次数	K值
				年	元	%	台班	台班	次	元	元	次	
990101005	履带式推土机	功率（kW）	50	10～14	71600	5	200	2250	2	13880			2.60
990101010			60	10～14	81100	5	200	2250	2	15700			2.60
990101015			75	10～14	222300	5	200	2250	2	43050			2.60
990101020			90	10～14	294400	5	200	2250	2	57020			2.60
990101025			105	10～14	336800	5	200	2250	2	65240			2.60
990101030			120	10～14	429500	5	200	2250	2	83200			2.60
990101035			135	10～14	476400	5	200	2250	2	92280			2.60
990101040			165	10～14	665900	5	200	2250	2	128990			2.60
990101045			240	10～14	907700	5	200	2250	2	175820			2.01
990101050			320	10～14	1120600	5	200	2250	2	217050			1.85
990102010	湿地推土机		105	10～14	380100	5	200	2250	2	62000			2.46
990102020			135	10～14	606500	5	200	2250	2	98920			2.46
990102030			165	10～14	753500	5	200	2250	2	122900			2.46
990103010	履带式松土机	松土深度（mm）	500	10～14	238400	5	140	1875	2	36460	4013	4.00	2.88
990103020			1000	10～14	254400	5	140	1875	2	38900	4013	4.00	2.88
990104010	履带式除根机	清除宽度（mm）	1500	10～14	123600	5	140	1875	2	18900	4013	4.00	2.88
990105010	履带式除荆机		4000	10～14	193100	5	140	1875	2	29530	4013	4.00	2.88
990106010	履带式单斗液压挖掘机	斗容量（m^3）	0.6	10～14	533100	5	220	2625	2	64710			2.24
990106020			0.8	10～14	647400	5	220	2625	2	112190			2.11

续表

编码	机械名称	性能规格		折旧年限	预算价格	残值率	年工作台班	耐用总台班	检修次数	一次检修费	一次安拆费及场外运费	年平均安拆次数	K值
				年	元	%	台班	台班	次	元	元	次	
990106030	履带式单斗液压挖掘机	斗容量（m^3）	1	10～14	676700	5	220	2625	2	117280			2.11
990106040			1.25	10～14	810000	5	220	2625	2	140370			2.11
990106050			1.6	10～14	901300	5	220	2625	2	156190			2.11
990106060			1.8	10～14	955300	5	220	2625	2	165560			2.11
990106070			2	10～14	962600	5	220	2625	2	166830			2.11
990106080			2.5	10～14	1012200	5	220	2625	2	175410			2.11
990106090			3	10～14	1210300	5	220	2625	2	209740			2.11
990107010	履带式单斗机械挖掘机		1	10～14	613900	5	220	2625	2	106390			2.78
990107020			1.5	10～14	656100	5	220	2625	2	124420			2.78
990108010	轮胎式单斗液压挖掘机		0.2	10～14	153400	5	240	2814	2	29720			2.66
990108020			0.4	10～14	180900	5	240	2814	2	35040			2.66
990108030			0.6	10～14	192100	5	240	2814	2	37210			2.66
990109010	挖掘装载机		0.3	10～14	283300	5	240	2814	2	43300			2.66
990109020			0.35	10～14	393500	5	240	2814	2	60200			2.66
990110010	轮胎式装载机		0.5	10～14	101500	5	240	2814	2	15510			3.56
990110020			1	10～14	108200	5	240	2814	2	16540			3.56
990110030			1.5	10～14	195300	5	240	2814	2	29860			3.56
990110040			2	10～14	221500	5	240	2814	2	39850			3.56
990110050			2.5	10～14	273000	5	240	2814	2	41740			3.56
990110060			3	10～14	397200	5	240	2814	2	60730			3.56
990110070			3.5	10～14	418000	5	240	2814	2	63910			3.56
990110080			5	10～14	493900	5	240	2814	2	75500			3.56

续表

编码	机械名称	性能规格		折旧年限	预算价格	残值率	年工作台班	耐用总台班	检修次数	一次检修费	一次安拆费及场外运费	年平均安拆次数	K 值
				年	元	%	台班	台班	次	元	元	次	
990111010	自行式铲运机	斗容量（m^3）	3	10 ~ 14	254600	5	160	1875	2	38480			2.68
990111020			4	10 ~ 14	365200	5	160	1875	2	55200			2.68
990111030			6	10 ~ 14	387500	5	160	1875	2	58300			2.68
990111040			7	10 ~ 14	398500	5	160	1875	2	59960			2.68
990111050			8	10 ~ 14	408400	5	160	1875	2	61460			2.68
990111060			10	10 ~ 14	418800	5	160	1875	2	64050			2.68
990111070			12	10 ~ 14	500200	5	160	1875	2	76490			2.68
990111080			16	10 ~ 14	600800	5	160	1875	2	91870			2.68
990112010	拖式铲运机		3	10 ~ 14	48000	5	160	1875	2	10270			3.29
990112020			7	10 ~ 14	156600	5	160	1875	2	33520			3.29
990112030			10	10 ~ 14	192600	5	160	1875	2	41230			3.29
990112040			12	10 ~ 14	221900	5	160	1875	2	47510			3.29
990113010	平地机	功率（kW）	75	10 ~ 14	253300	5	200	2250	2	38730			3.45
990113020			90	10 ~ 14	267800	5	200	2250	2	40950			3.45
990113030			120	10 ~ 14	355400	5	200	2250	2	54340			3.45
990113040			132	10 ~ 14	400700	5	200	2250	2	61270			3.45
990113050			150	10 ~ 14	470200	5	200	2250	2	71900			3.45
990113060			180	10 ~ 14	575400	5	200	2250	2	87980			3.45
990113070			220	10 ~ 14	710700	5	200	2250	2	108670			3.45
990114010	履带式拖拉机		50	10 ~ 14	63000	5	200	2250	2	9000			2.68
990114020			60	10 ~ 14	67400	5	200	2250	2	9620			2.68
990114030			75	10 ~ 14	139800	5	200	2250	2	36490			2.68

续表

编码	机械名称	性能规格		折旧年限	预算价格	残值率	年工作台班	耐用总台班	检修次数	一次检修费	一次安拆费及场外运费	年平均安拆次数	*K* 值
				年	元	%	台班	台班	次	元	元	次	
990114040	履带式拖拉机	功率（kW）	90	10～14	259100	5	200	2250	2	55480			2.68
990114050			105	10～14	273500	5	200	2250	2	58550			2.68
990114060			120	10～14	316200	5	200	2250	2	67700			2.68
990114070			135	10～14	324900	5	200	2250	2	69550			2.68
990114080			165	10～14	459100	5	200	2250	2	98280			2.68
990115010	手扶式拖拉机		9	6～12	10800	5	200	1440	2	1650			2.11
990116010	轮胎式拖拉机		21	6～12	26200	5	200	1440	2	4000			2.11
990116020			41	6～12	47100	5	200	1440	2	7200			2.11
990116030			75	6～12	85000	5	200	1440	2	12990			2.11
990117010	拖式单筒羊角碾	工作质量（t）	3	10～14	12900	5	200	2500	1	1910	478	4.00	5.84
990118010	拖式双筒羊角碾		6	10～14	23400	5	200	2500	1	2750	817	4.00	5.84
990119010	手扶式振动压实机		1	6～12	19200	5	150	1200	1	2730	211	4.00	3.86
990120010	钢轮内燃压路机		6	10～14	129400	5	200	2250	2	18460			3.21
990120020			8	10～14	136000	5	200	2250	2	19400			3.21
990120030			12	10～14	180900	5	200	2250	2	25810			3.21
990120040			15	10～14	211800	5	200	2250	2	30220			3.21
990120050			18	10～14	233700	5	200	2250	2	33350			3.21
990120060			20	10～14	287300	5	200	2250	2	41000			3.21
990120070			25	10～14	365100	5	200	2250	2	52110			3.21
990121010	轮胎压路机		9	10～14	87000	5	200	2250	2	12420			3.99
990121020			16	10～14	253400	5	200	2250	2	36160			3.99
990121030			20	10～14	295600	5	200	2250	2	42190			3.99
990121040			26	10～14	334800	5	200	2250	2	47780			3.99
990121050			30	10～14	407900	5	200	2250	2	58210			3.99

续表

编码	机械名称	性能规格		折旧年限	预算价格	残值率	年工作台班	耐用总台班	检修次数	一次检修费	一次安拆费及场外运费	年平均安拆次数	K值
				年	元	%	台班	台班	次	元	元	次	
990122010	钢轮振动压路机	工作质量(t)	6	10～14	128200	5	200	2100	2	24840			3.08
990122020			8	10～14	181200	5	200	2100	2	35090			3.08
990122030			10	10～14	193200	5	200	2100	2	37430			3.08
990122040			12	10～14	241500	5	200	2100	2	46780			3.08
990122050			15	10～14	315200	5	200	2100	2	61050			3.08
990122060			18	10～14	335500	5	200	2100	2	64980			3.08
990122070			25	10～14	664600	5	200	2100	2	88820			3.08
990123010	电动夯实机	夯击能量(N·m)	250	6～12	3300	5	120	760	1	640	211	4.00	4.64
990124010	内燃夯实机		700	6～12	3900	5	120	760	1	750	211	4.00	4.64
990125010	振动平板夯	激振力(kN)	20	6～12	5900	5	120	760	1	1150	211	4.00	4.64
990126010	振动冲击夯		30	6～12	9600	5	120	760	1	1860	211	4.00	4.64
990127010	强夯机械	夯击能量(kN·m)	1200	10～14	694200	5	200	2000	1	62640			2.27
990127020			2000	10～14	983300	5	200	2000	1	130310			2.27
990127030			3000	10～14	1328300	5	200	2000	1	176040			2.27
990127040			4000	10～14	1520800	5	200	2000	1	201540			2.27
990127050			5000	10～14	1709000	5	200	2000	1	226480			2.27
990128010	气腿式风动凿岩机			4～5	3900	5	200	900	1	790	211	4.00	7.05
990129010	手持式风动凿岩机			4～5	2900	5	200	900	1	640	211	4.00	7.05
990130010	手持式内燃凿岩机	凿孔深度(mm)	6	4～5	4900	5	200	800	1	950	211	4.00	7.20
990131010	轮胎式凿岩台车			10～14	157800	5	180	2100	2	3060	817	4.00	1.87
990132010	履带式凿岩台车			10～14	233300	5	180	2100	2	45200	817	4.00	1.72

续表

编码	机械名称	性能规格		折旧年限	预算价格	残值率	年工作台班	耐用总台班	检修次数	一次检修费	一次安拆费及场外运费	年平均安拆次数	K值
				年	元	%	台班	台班	次	元	元	次	
990133010	锚杆钻孔机	锚杆直径（mm）	25	10～14	1308100	5	200	2250	2	133350			1.79
990133020			32	10～14	2034300	5	200	2250	2	207380			1.79
990134010	气动装岩机	斗容量（m^3）	0.12	10～14	40900	5	180	2100	2	7920	817	4.00	2.06
990135010	电动装岩机		0.2	10～14	54400	5	180	2100	2	10530	817	4.00	1.70
990135020			0.4	10～14	56400	5	180	2100	2	10930	817	4.00	1.70
990135030			0.5	10～14	67200	5	180	2100	2	13010	817	4.00	1.70
990135040			0.6	10～14	78200	5	180	2100	2	15140	817	4.00	1.70
990136010	立爪扒渣机			10～14	551100	5	180	2400	2	84260	478	4.00	2.29
990137010	梭式矿车	装载容量（m^3）	8	8～10	90300	5	180	1620	2	13810	478	4.00	0.92
990138010	稳定土拌合机	功率（kW）	90	10～14	213100	5	200	2250	2	39110			2.54
990138020			105	10～14	253000	5	200	2250	2	46420			2.54
990138030			135	10～14	479800	5	200	2250	2	88040			2.54
990138040			230	10～14	540500	5	200	2250	2	99190			2.54
990139010	车载式碎石撒布机	撒布宽度（mm）	3000	10～14	46400	5	160	1600	1	7090			3.08
990140010	汽车式沥青喷洒机	箱容量（L）	4000	6～12	151400	5	100	1125	2	27780			1.69
990140020			7500	6～12	265700	5	100	1125	2	53680			1.69
990141010	沥青混凝土拌合站	生产率（t/h）	10	10～14	128400	5	200	2250	2	23570			2.54
990141020			15	10～14	287400	5	200	2250	2	52730			2.54
990141030			20	10～14	333700	5	200	2250	2	61240			2.54
990141040			30	10～14	396600	5	200	2250	2	72770			2.54
990141050			60	10～14	692200	5	200	2250	2	127010			2.54
990141060			100	10～14	881700	5	200	2250	2	161790			2.54
990141070			150	10～14	1284400	5	200	2250	2	235690			2.54

续表

编码	机械名称	性能规格		折旧年限	预算价格	残值率	年工作台班	耐用总台班	检修次数	一次检修费	一次安拆费及场外运费	年平均安拆次数	K值
				年	元	%	台班	台班	次	元	元	次	
990142010	沥青混凝土摊铺机	装载质量（t）	4	10～14	161900	5	150	1800	2	33600			1.97
990142020			6	10～14	253400	5	150	1800	2	52870			1.97
990142030			8	10～14	337300	5	150	1800	2	65340			1.97
990142040			12	10～14	440800	5	150	1800	2	91170			1.97
990142050			13	10～14	699400	5	150	1800	2	173560			1.97
990142060			14	10～14	955800	5	150	1800	2	253360			1.97
990142070			15	10～14	1308100	5	150	1800	2	391020			1.97
990143010	路面铣刨机	宽度（mm）	300	10～14	127700	5	180	2000	2	11720	1427	4.00	3.08
990143020			350	10～14	370800	5	180	2000	2	34020	1427	4.00	3.08
990143030			500	10～14	437800	5	180	2000	2	40070	1427	4.00	3.08
990143040			1000	10～14	582000	5	180	2000	2	53390	1427	4.00	3.08
990143050			2000	10～14	2781000	5	180	2000	2	255150	1427	4.00	3.08
990144010	电动路面铣刨机	功率（kW）	7.5	10～14	33000	5	180	2000	2	3020	817	4.00	3.08
990145010	路面再生机	宽度×深度（mm）	2300×400	10～14	896100	5	160	1600	1	82220			3.08
990146010	汽车式路面划线机	喷涂宽度（mm）	450	10～14	170800	5	180	2400	2	26120			1.69
990147010	颚式破碎机	进料口（mm）	250×400	10～14	37500	5	160	1600	1	3440			13.55
990147020			250×500	10～14	54100	5	160	1600	1	4960			13.55
990147030			400×600	10～14	85700	5	160	1600	1	7420			13.55
990147040			500×750	10～14	139100	5	160	1600	1	12760			13.55
990147050			600×900	10～14	193300	5	160	1600	1	17730			13.55
990148010	移动式颚式破碎机		250×440	10～14	39700	5	160	1600	1	3640			13.55
990149010	履带式液压岩石破碎机	HB20G		10～14	232200	5	160	1600	1	21310	1427	4.00	2.66
990149020		HB30G		10～14	264100	5	160	1600	1	24230	1427	4.00	2.66
990149030		HB40G		10～14	284100	5	160	1600	1	26060	1427	4.00	2.66

二、桩 工 机 械

编码	机械名称	性能规格		折旧年限	预算价格	残值率	年工作台班	耐用总台班	检修次数	一次检修费	一次安拆费及场外运费	年平均安拆次数	K值
				年	元	%	台班	台班	次	元	元	次	
990201010	履带式柴油打桩机	冲击质量(t)	2.5	10～14	809300	5	230	2700	1	74250			1.95
990201020			3.5	10～14	1366300	5	230	2700	1	118730			1.95
990201030			5	10～14	3137200	5	230	2700	1	287840			1.95
990201040			7	10～14	3559700	5	230	2700	1	326590			1.88
990201050			8	10～14	3763600	5	230	2700	1	345300			1.88
990202010	轨道式柴油打桩机		0.6	10～14	109100	5	230	2700	1	21130			2.26
990202020			0.8	10～14	127200	5	230	2700	1	24640			2.26
990202030			1.2	10～14	324900	5	230	2700	1	62920			2.26
990202040			1.8	10～14	397200	5	230	2700	1	76930			2.26
990202050			2.5	10～14	710300	5	230	2700	1	137180			2.26
990202060			3.5	10～14	1193400	5	230	2700	1	231140			2.26
990202070			4	10～14	1305000	5	230	2700	1	252770			2.26
990202080			5	10～14	1332800	5	230	2700	1	258150			2.26
990202090			7	10～14	1470800	5	230	2700	1	284890			2.26
990203010	步履式电动打桩机	功率(kW)	45	10～14	497000	5	230	2700	1	125500	4013	4.00	3.29
990203020			60	10～14	645800	5	230	2700	1	164590	4013	4.00	3.29
990203030			90	10～14	715900	5	230	2700	1	182440	4013	4.00	3.29
990203040			200	10～14	765300	5	230	2700	1	195040	4013	4.00	3.29

续表

编码	机械名称	性能规格		折旧年限	预算价格	残值率	年工作台班	耐用总台班	检修次数	一次检修费	一次安拆费及场外运费	年平均安拆次数	*K* 值
				年	元	%	台班	台班	次	元	元	次	
990204010	重锤打桩机	冲击质量(t)	0.6	10～14	293100	5	230	2700	1	11950	4013	4.00	1.95
990205010	振动沉拔桩机	激振力(kN)	300	10～14	472400	5	180	1800	1	19260	4013	4.00	5.49
990205020			400	10～14	602200	5	180	1800	1	24560	4013	4.00	5.49
990205030			500	10～14	791500	5	180	1800	1	32270	4013	4.00	5.49
990205040			600	10～14	880200	5	180	1800	1	35890	4013	4.00	5.49
990206005	静力压桩机	压力(kN)	900	10～14	747800	5	180	2025	2	114350			3.67
990206010			1200	10～14	981600	5	180	2025	2	150100			3.67
990206015			1600	10～14	1313300	5	180	2025	2	200810			4.11
990206020			2000	10～14	1808700	5	180	2025	2	276570			4.11
990206025			3000	10～14	2211400	5	180	2025	2	338150			4.11
990206030			4000	10～14	2443200	5	180	2025	2	372490			4.11
990206035			5000	10～14	2462700	5	180	2025	2	376580			4.11
990206040			6000	10～14	2510100	5	180	2025	2	383830			4.11
990206045			8000	10～14	2589400	5	180	2025	2	395960			4.11
990206050			10000	10～14	2659500	5	180	2025	2	406670			4.11
990207010	汽车式钻机	孔径(mm)	400	10～14	204500	5	200	2250	2	25020			2.75
990207020			1000	10～14	335200	5	200	2250	2	41000			2.75
990207030			2000	10～14	397300	5	200	2250	2	48600			2.75

续表

编码	机械名称	性能规格		折旧年限	预算价格	残值率	年工作台班	耐用总台班	检修次数	一次检修费	一次安拆费及场外运费	年平均安拆次数	K 值
				年	元	%	台班	台班	次	元	元	次	
990208010	潜水钻机	孔径（mm）	800	10～14	129600	5	200	2250	2	19820	4013	4.00	2.69
990208020			1250	10～14	153100	5	200	2250	2	23410	4013	4.00	2.69
990208030			1500	10～14	245900	5	200	2250	2	37600	4013	4.00	2.69
990208040			2500	10～14	335200	5	200	2250	2	51250	4013	4.00	2.69
990209010	回旋钻机		500	10～14	195300	5	200	2000	1	19910	4013	4.00	2.08
990209020			800	10～14	284800	5	200	2000	1	29040	4013	4.00	2.08
990209030			1000	10～14	298200	5	200	2000	1	30400	4013	4.00	2.08
990209040			1500	10～14	304900	5	200	2000	1	31080	4013	4.00	2.08
990209050			2000	10～14	365200	5	200	2000	1	37230	4013	4.00	2.08
990209060			2500	10～14	389300	5	200	2000	1	39690	4013	4.00	2.08
990210010	螺旋钻机		400	10～14	242700	5	200	2000	1	9900	4013	4.00	6.27
990210020			600	10～14	276700	5	200	2000	1	11280	4013	4.00	6.27
990210030			800	10～14	441300	5	200	2000	1	17990	4013	4.00	6.27
990210040			1200	10～14	955200	5	200	2000	1	38950	4013	4.00	6.27
990211010	冲击成孔机		700	10～14	170400	5	200	2250	2	17370	4013	4.00	2.01
990211020			1000	10～14	221000	5	200	2250	2	22530	4013	4.00	2.01

续表

编码	机械名称	性能规格		折旧年限	预算价格	残值率	年工作台班	耐用总台班	检修次数	一次检修费	一次安拆费及场外运费	年平均安拆次数	K值
				年	元	%	台班	台班	次	元	元	次	
990212010	履带式旋挖钻机	孔径（mm）	800	10～14	1060900	5	200	2250	1	162230			2.08
990212020			1000	10～14	1236000	5	200	2250	1	189000			2.08
990212030			1200	10～14	1627400	5	200	2250	1	248850			2.08
990212040			1500	10～14	2266000	5	200	2250	1	346500			2.08
990212050			1800	10～14	3090000	5	200	2250	1	472500			2.08
990212060			2000	10～14	3605000	5	200	2250	1	551250			2.08
990213010	粉喷桩机			10～14	273000	5	200	2250	2	11130	4013	4.00	2.01
990214010	旋喷桩机	孔径（mm）	600	10～14	221500	5	200	2250	1	9030	4013	4.00	2.08
990214020			800	10～14	254400	5	200	2250	1	10370	4013	4.00	2.08
990214030			1200	10～14	269900	5	200	2250	1	11000	4013	4.00	2.08
990215010	三轴搅拌桩机	轴径（mm）	650	10～14	408900	5	220	2250	2	16670			2.89
990215020			850	10～14	702500	5	220	2250	2	28640			2.89
990216010	袋装砂井机不带门架	功率（kW）	7.5	10～14	130800	5	200	2000	1	13340	1427	4.00	2.72
990217010	袋装砂井机带门架		20	10～14	170000	5	200	2000	1	17330	1427	4.00	2.72
990218010	气动灌浆机			8～10	4700	5	150	1200	1	480	211	4.00	5.24
990219010	电动灌浆机			8～10	6600	5	150	1200	1	680	211	4.00	5.24

三、起 重 机 械

编码	机械名称	性能规格		折旧年限	预算价格	残值率	年工作台班	耐用总台班	检修次数	一次检修费	一次安拆费及场外运费	年平均安拆次数	K 值
				年	元	%	台班	台班	次	元	元	次	
990301010	履带式电动起重机	提升质量(t)	3	10～14	119300	5	225	2250	1	6080			2.35
990301020			5	10～14	122300	5	225	2250	1	6230			2.35
990301030			40	10～14	1293700	5	225	2250	1	65940			2.35
990301040			50	10～14	1325600	5	225	2250	1	67570			2.35
990302005	履带式起重机		5	10～14	190100	5	225	2250	1	36720			1.84
990302010			10	10～14	335200	5	225	2250	1	64930			1.84
990302015			15	10～14	473500	5	225	2250	1	91720			1.84
990302020			20	10～14	492900	5	225	2250	1	95460			1.84
990302025			25	10～14	503700	5	225	2250	1	97560			1.84
990302030			30	10～14	644600	5	225	2250	1	124850			1.84
990302035			40	10～14	1272100	5	225	2250	1	246380			1.84
990302040			50	10～14	1463600	5	225	2250	1	283490			1.84
990302045			60	10～14	1575900	5	225	2250	1	305240			1.84
990302050			70	10～14	1879300	5	225	2250	1	363100			1.84
990302055			80	10～14	2688300	5	225	2250	1	519390			1.84
990302060			90	10～14	3347500	5	225	2250	1	646750			1.84
990302065			100	10～14	3625600	5	225	2250	1	700480			1.84
990302070			140	10～14	5428100	5	225	2250	1	1048730			1.84

续表

编码	机械名称	性能规格		折旧年限	预算价格	残值率	年工作台班	耐用总台班	检修次数	一次检修费	一次安拆费及场外运费	年平均安拆次数	K值
				年	元	%	台班	台班	次	元	元	次	
990302075	履带式起重机	提升质量(t)	150	10~14	5623800	5	225	2250	1	1086540			1.84
990302080			200	10~14	7179100	5	225	2250	1	1387030			1.84
990302085			250	10~14	8703500	5	225	2250	1	1681550			1.84
990302090			300	10~14	9661400	5	225	2250	1	1866620			1.84
990303010	轮胎式起重机		8	10~14	283300	5	250	3000	2	37540			3.05
990303020			16	10~14	492900	5	250	3000	2	65320			3.05
990303030			20	10~14	748000	5	250	3000	2	99130			3.05
990303040			25	10~14	770400	5	250	3000	2	102100			3.05
990303050			40	10~14	983200	5	250	3000	2	130300			3.05
990303060			50	10~14	1404900	5	250	3000	2	186870			3.05
990303070			60	10~14	1637700	5	250	3000	2	217830			3.05
990304004	汽车式起重机		8	10~14	264100	5	200	2250	2	56540			2.07
990304008			10	10~14	337600	5	200	2250	2	72120			2.07
990304012			12	10~14	356200	5	200	2250	2	76250			2.07
990304016			16	10~14	436400	5	200	2250	2	93420			2.07
990304020			20	10~14	500300	5	200	2250	2	107100			2.07
990304024			25	10~14	545400	5	200	2250	2	116760			2.07
990304028			30	10~14	582500	5	200	2250	2	124690			2.07
990304032			32	10~14	718400	5	200	2250	2	153800			2.07
990304036			40	10~14	994000	5	200	2250	2	212780			2.07
990304040			50	10~14	2046100	5	200	2250	2	438020			2.07
990304044			60	10~14	2550300	5	200	2250	2	544740			2.07

续表

编码	机械名称	性能规格		折旧年限	预算价格	残值率	年工作台班	耐用总台班	检修次数	一次检修费	一次安拆费及场外运费	年平均安拆次数	K值
				年	元	%	台班	台班	次	元	元	次	
990304048	汽车式起重机	提升质量（t）	70	10～14	2619500	5	200	2250	2	559500			2.07
990304052			75	10～14	2764700	5	200	2250	2	590520			2.07
990304056			80	10～14	3383600	5	200	2250	2	722700			2.07
990304060			90	10～14	3965500	5	200	2250	2	847000			2.07
990304064			100	10～14	4401200	5	200	2250	2	940060			2.07
990304068			110	10～14	6725900	5	200	2250	2	1436600			2.07
990304072			120	10～14	7879500	5	200	2250	2	1683000			2.07
990304076			125	10～14	8188500	5	200	2250	2	1749000			2.07
990304080			150	10～14	8487200	5	200	2250	2	1812800			2.07
990304084			160	10～14	8909500	5	200	2250	2	1903000			2.07
990304088			200	10～14	10027100	5	200	2250	2	2141700			2.07
990305010	叉式起重机		3	10～14	111800	5	180	2100	2	15950			3.47
990305020			5	10～14	139900	5	180	2100	2	19960			3.47
990305030			6	10～14	170600	5	180	2100	2	24340			3.47
990305040			10	10～14	316800	5	180	2100	2	45220			5.10
990305050			16	10～14	396600	5	180	2100	2	56600			5.10
990305060			20	10～14	486700	5	180	2100	2	69460			5.10
990306005	自升式塔式起重机	起重力矩（kN·m）	400	10～14	429500	5	250	3500	2	43790			2.10
990306010			600	10～14	486200	5	250	3500	2	49560			2.10
990306015			800	10～14	603600	5	250	3500	2	61530			2.10

续表

编码	机械名称	性能规格		折旧年限	预算价格	残值率	年工作台班	耐用总台班	检修次数	一次检修费	一次安拆费及场外运费	年平均安拆次数	K值
				年	元	%	台班	台班	次	元	元	次	
990306020	自升式塔式起重机	起重力矩（kN·m）	1000	10～14	850700	5	250	3500	2	86720			2.10
990306025			1250	10～14	880200	5	250	3500	2	89730			2.10
990306030			1500	10～14	1005800	5	250	3500	2	102530			2.10
990306035			2500	10～14	1389000	5	250	3500	2	141590			2.10
990306040			3000	10～14	1616800	5	250	3500	2	164820			2.10
990306045			4500	10～14	2446700	5	250	3500	2	249420			2.10
990306050			5000	10～14	4861600	5	250	3500	2	495600			2.10
990307010	电动单梁起重机	提升质量（t）	5	10～14	115900	5	240	2400	1	10630			2.17
990307020			10	10～14	200900	5	240	2400	1	18430			2.17
990308010	桥式起重机		5	10～14	169600	5	240	2400	1	15570			2.17
990308020			15	10～14	251500	5	240	2400	1	23080			2.17
990308030			20	10～14	476900	5	240	2400	1	24310			2.17
990308040			30	10～14	642700	5	240	2400	1	32760			2.17
990308050			50	10～14	923300	5	240	2400	1	47060			2.17
990308060			75	10～14	1289600	5	240	2400	1	62730			2.17
990308070			100	10～14	1809100	5	240	2400	1	92210			2.17
990308080			150	10～14	1982300	5	240	2400	1	101040			2.17
990309010	门式起重机		5	10～14	98300	5	230	2700	2	6010			2.72
990309020			10	10～14	234200	5	230	2700	2	14330			2.72
990309030			20	10～14	504200	5	230	2700	2	30840			1.38
990309040			30	10～14	708200	5	230	2700	2	43320			1.38

续表

编码	机械名称	性能规格		折旧年限	预算价格	残值率	年工作台班	耐用总台班	检修次数	一次检修费	一次安拆费及场外运费	年平均安拆次数	K 值
				年	元	%	台班	台班	次	元	元	次	
990309050	门式起重机	提升质量(t)	40	10～14	882000	5	230	2700	2	53950			1.38
990309060			50	10～14	1426000	5	230	2700	2	87220			1.38
990309070			75	10～14	1900400	5	230	2700	2	116240			1.38
990310010	桅杆式起重机		5	10～14	118000	5	200	2700	2	6010	1427	4.00	4.20
990310020			10	10～14	150300	5	200	2700	2	7660	1427	4.00	4.20
990310030			15	10～14	185200	5	200	2700	2	9440	1427	4.00	4.20
990310040			40	10～14	245800	5	200	2700	2	12530	4013	4.00	4.20
990311010	抓管机	功率(kW)	80	10～14	151900	5	170	2250	2	23230			2.70
990311020			120	10～14	364800	5	170	2250	2	55790			2.70
990311030			160	10～14	418700	5	170	2250	2	64020			2.70
990312010	吊管机		75	10～14	157800	5	170	2250	2	24130			2.70
990312020			165	10～14	513100	5	170	2250	2	78470			2.70
990312030			240	10～14	744700	5	170	2250	2	113870			2.70
990313010	门座吊	提升质量(t)	30	10～14	775600	5	200	2700	2	39530			2.26
990313020			60	10～14	1637700	5	200	2700	2	83470			2.26
990314010	架桥机		130	10～14	1261200	5	200	2700	2	64290			2.38
990314020			160	10～14	1837200	5	200	2700	2	93640			2.38
990315010	少先吊		1	10～14	9800	5	200	2000	1	900	478	4.00	8.14
990316010	立式油压千斤顶	起重量(t)	100	10～14	2800	5	130	1560	2	700	211	4.00	1.66
990316020			200	10～14	3700	5	130	1560	2	960	211	4.00	1.66
990316030			300	10～14	7500	5	130	1560	2	1900	211	4.00	1.66

四、水平运输机械

编码	机械名称	性能规格		折旧年限	预算价格	残值率	年工作台班	耐用总台班	检修次数	一次检修费	一次安拆费及场外运费	年平均安拆次数	K值
				年	元	%	台班	台班	次	元	元	次	
990401005	载重汽车	装载质量(t)	2	6～12	57900	5	240	1900	1	11230			5.61
990401010			3	6～12	65300	5	240	1900	1	12680			5.61
990401015			4	6～12	73500	5	240	1900	1	14280			5.61
990401020			5	6～12	76600	5	240	1900	1	14850			5.61
990401025			6	6～12	87100	5	240	1900	1	16880			5.61
990401030			8	6～12	151900	5	240	1900	1	29470			3.93
990401035			10	6～12	173100	5	240	1900	1	33580			3.93
990401040			12	6～12	270800	5	240	1900	1	52490			3.93
990401045			15	6～12	323500	5	240	1900	1	62710			3.93
990401050			18	6～12	340300	5	240	1900	1	65940			3.93
990401055			20	6～12	382900	5	240	1900	1	74210			3.93
990402005	自卸汽车		2	6～12	85600	5	220	1650	1	14000			4.44
990402010			4	6～12	108000	5	220	1650	1	17670			4.44
990402015			5	6～12	118100	5	220	1650	1	19310			4.44
990402020			6	6～12	139300	5	220	1650	1	22790			4.44
990402025			8	6～12	226300	5	220	1650	1	36960			3.34
990402030			10	6～12	265200	5	220	1650	1	43280			3.34
990402035			12	6～12	294900	5	220	1650	1	48120			3.34

续表

编码	机械名称	性能规格		折旧年限	预算价格	残值率	年工作台班	耐用总台班	检修次数	一次检修费	一次安拆费及场外运费	年平均安拆次数	K值
				年	元	%	台班	台班	次	元	元	次	
990402040	自卸汽车	装载质量(t)	15	6～12	364100	5	220	1650	1	59470			3.34
990402045			18	6～12	383300	5	220	1650	1	62530			3.34
990402050			20	6～12	469300	5	220	1650	1	76610			3.34
990403005	平板拖车组		8	6～12	175600	5	175	1500	1	25390			4.73
990403010			10	6～12	189000	5	175	1500	1	27330			4.73
990403015			15	6～12	251300	5	175	1500	1	35940			4.73
990403020			20	6～12	378700	5	175	1500	1	54110			4.73
990403025			30	6～12	491200	5	175	1500	1	70140			4.73
990403030			40	6～12	656300	5	175	1500	1	93700			4.73
990403035			50	6～12	698100	5	175	1500	1	99680			4.73
990403040			60	6～12	735400	5	175	1500	1	104970			4.73
990403045			80	6～12	807900	5	175	1500	1	115570			4.73
990403050			100	6～12	1621800	5	175	1500	1	232000			4.73
990403055			120	6～12	1867800	5	175	1500	1	267200			4.73
990403060			150	6～12	2449400	5	175	1500	1	350400			4.73
990403065			200	6～12	3210000	5	175	1500	1	459200			4.73
990404010	长材运输车		9	6～12	219200	5	185	1500	1	17900			5.77
990404020			12	6～12	306700	5	185	1500	1	25030			5.77
990404030			15	6～12	366300	5	185	1500	1	29890			5.77
990404040			20	6～12	422800	5	185	1500	1	34020			5.77

续表

编码	机械名称	性能规格		折旧年限	预算价格	残值率	年工作台班	耐用总台班	检修次数	一次检修费	一次安拆费及场外运费	年平均安拆次数	*K* 值
				年	元	%	台班	台班	次	元	元	次	
990405010	管子拖车	装载质量（t）	8	6～12	276300	5	185	1500	1	22480			5.77
990405020			10	6～12	294200	5	185	1500	1	23900			5.77
990405030			24	6～12	642000	5	185	1500	1	52200			5.77
990405040			27	6～12	874600	5	185	1500	1	71160			5.77
990405050			35	6～12	1034600	5	185	1500	1	84180			5.77
990406010	机动翻斗车		1	6～12	22100	5	250	1500	1	4660	478	4.00	3.93
990406020			1.5	6～12	25400	5	250	1500	1	4320	478	4.00	3.93
990407010	轨道平车		5	6～12	13900	5	250	1500	1	1230	1427	4.00	3.93
990407020			10	6～12	77500	5	250	1500	1	6840	1427	4.00	3.93
990407030			20	6～12	119500	5	250	1500	1	10560	1427	4.00	3.93
990407040			30	6～12	225600	5	250	1500	1	19900	1427	4.00	3.93
990407050			60	6～12	395500	5	250	1500	1	34950	1427	4.00	3.93
990408010	油罐车	罐容量（L）	3000	6～12	116300	5	240	1900	1	17780			5.09
990408020			5000	6～12	142600	5	240	1900	1	21860			5.09
990408030			8000	6～12	187300	5	240	1900	1	28710			5.09
990409010	洒水车		3000	6～12	80500	5	240	1900	1	12470			4.29
990409020			4000	6～12	129400	5	240	1900	1	19780			4.29
990409030			6000	6～12	145000	5	240	1900	1	22450			4.29
990409040			8000	6～12	152700	5	240	1900	1	23350			4.29

续表

编码	机械名称	性能规格		折旧年限	预算价格	残值率	年工作台班	耐用总台班	检修次数	一次检修费	一次安拆费及场外运费	年平均安拆次数	K 值
				年	元	%	台班	台班	次	元	元	次	
990410010	多功能高压疏通车	罐容量（L）	5000	6～12	286300	5	240	1900	1	43520			4.29
990410020			8000	6～12	381400	5	240	1900	1	57970			4.29
990411010	泥浆罐车		5000	6～12	152100	5	240	1900	1	23120			4.29
990412010	散装水泥车	装载质量（t）	7	8～10	196900	5	200	1875	2	27720			3.13
990412020			10	8～10	331100	5	200	1875	2	46620			3.13
990412030			15	8～10	388300	5	200	1875	2	58930			3.13
990412040			20	8～10	539700	5	200	1875	2	75990			3.13
990412050			26	8～10	911000	5	200	1875	2	128280			3.13
990413010	吸污车		4	6～12	160800	5	240	1900	1	24400			4.29
990413020			6	6～12	174700	5	240	1900	1	26530			4.29
990413030			8	6～12	182400	5	240	1900	1	27700			4.29
990413040			10	6～12	189500	5	240	1900	1	28800			4.29
990414010	电瓶车	牵引质量（t）	2.5	8～10	42500	5	180	1620	2	3470	817	4.00	1.59
990414020			5	8～10	64600	5	180	1620	2	5270	1427	4.00	2.19
990414030			7	8～10	81000	5	180	1620	2	6610	1427	4.00	2.19
990414040			8	8～10	85000	5	180	1620	2	6930	1427	4.00	2.19
990414050			10	8～10	100300	5	180	1620	2	8180	1427	4.00	2.19
990414060			12	8～10	126200	5	180	1620	2	10290	1427	4.00	2.19
990415010	托盘车	装载质量(t)	8	6～12	187700	5	240	1900	1	28500			4.29

五、垂直运输机械

编码	机械名称	性能规格		折旧年限	预算价格	残值率	年工作台班	耐用总台班	检修次数	一次检修费	一次安拆费及场外运费	年平均安拆次数	*K* 值
				年	元	%	台班	台班	次	元	元	次	
990501010	电动单筒快速卷扬机	牵引力(kN)	5	8~10	2800	5	210	2100	2	530	478	4.00	2.67
990501020			10	8~10	3300	5	210	2100	2	650	478	4.00	2.67
990501030			15	8~10	4400	5	210	2100	2	850	478	4.00	2.67
990501040			20	8~10	6500	5	210	2100	2	1260	478	4.00	2.67
990501050			30	8~10	19100	5	210	2100	2	3700	478	4.00	2.67
990502010	电动双筒快速卷扬机		10	8~10	9000	5	210	2100	2	1100	478	4.00	2.67
990502020			30	8~10	25400	5	210	2100	2	3110	478	4.00	2.67
990502030			50	8~10	38500	5	210	2100	2	4710	478	4.00	2.67
990503010	电动单筒慢速卷扬机		10	8~10	9200	5	210	2100	2	1410	478	4.00	2.67
990503020			30	8~10	14700	5	210	2100	2	2240	478	4.00	2.67
990503030			50	8~10	19100	5	210	2100	2	2910	478	4.00	2.67
990503040			80	8~10	43600	5	210	2100	2	6660	478	4.00	2.67
990503050			100	8~10	69300	5	210	2100	2	10600	478	4.00	2.67
990503060			200	8~10	133400	5	210	2100	2	20400	1427	4.00	2.67
990503070			300	8~10	271900	5	210	2100	2	41580	1427	4.00	2.67
990504010	电动双筒慢速卷扬机		30	8~10	27300	5	210	2100	2	2790	478	4.00	2.79

续表

编码	机械名称	性能规格	折旧年限	预算价格	残值率	年工作台班	耐用总台班	检修次数	一次检修费	一次安拆费及场外运费	年平均安拆次数	K 值
			年	元	%	台班	台班	次	元	元	次	
990504020	电动双筒慢速卷扬机	牵引力（kN） 50	8～10	39600	5	210	2100	2	4040	478	4.00	2.79
990504030		牵引力（kN） 80	8～10	55900	5	210	2100	2	5700	478	4.00	7.44
990504040		牵引力（kN） 100	8～10	90200	5	210	2100	2	9190	478	4.00	7.44
990505010	卷扬机带 40m 塔	牵引力（kN） 50	8～10	46500	5	210	2100	2	9000	478	4.00	2.79
990506010	单笼施工电梯	提升质量（t） 1，提升高度（m） 75	10～14	253000	5	240	2850	2	36100			2.00
990506020		提升质量（t） 1，提升高度（m） 100	10～14	283100	5	240	2850	2	40400			2.00
990506030		提升质量（t） 1，提升高度（m） 130	10～14	321800	5	240	2850	2	45920			2.00
990507010	双笼施工电梯	提升质量（t） 2×1，提升高度（m） 50	10～14	190600	5	240	2850	2	27200			2.00
990507020		提升质量（t） 2×1，提升高度（m） 100	10～14	358300	5	240	2850	2	51140			2.00
990507030		提升质量（t） 2×1，提升高度（m） 130	10～14	372900	5	240	2850	2	53210			2.00
990507040		提升质量（t） 2×1，提升高度（m） 200	10～14	399400	5	240	2850	2	57010			2.00
990507050		提升质量（t） 2×1，提升高度（m） 300	10～14	702500	5	240	2850	2	100250			2.00
990508010	电动吊篮	提升质量（t） 0.5	8～10	11300	5	100	800	1	2190	211	4.00	2.02
990508020		提升质量（t） 0.63	8～10	15000	5	100	800	1	2910	211	4.00	2.02
990508030		提升质量（t） 0.8	8～10	19900	5	100	800	1	3850	211	4.00	2.02
990509010	单速电动葫芦	提升质量（t） 2	8～10	8900	5	100	800	1	1730			3.30
990509020		提升质量（t） 3	8～10	10100	5	100	800	1	1950			3.30
990509030		提升质量（t） 5	8～10	13300	5	100	800	1	2570			3.30

续表

编码	机械名称	性能规格		折旧年限	预算价格	残值率	年工作台班	耐用总台班	检修次数	一次检修费	一次安拆费及场外运费	年平均安拆次数	K值
				年	元	%	台班	台班	次	元	元	次	
990510010	双速电动葫芦	提升质量(t)	10	8～10	30700	5	100	800	1	5950			2.62
990510020			20	8～10	56600	5	100	800	1	10970			2.62
990510030			30	8～10	59100	5	100	800	1	11440			2.62
990511010	皮带运输机	带长×带宽(m)	10×0.5	8～10	28200	5	150	1500	2	4890	817	4.00	3.51
990511020			15×0.5	8～10	33500	5	150	1500	2	5800	817	4.00	3.51
990511030			20×0.5	8～10	44800	5	150	1500	2	7770	817	4.00	3.51
990511040			30×0.5	8～10	50100	5	150	1500	2	8690	817	4.00	3.51
990512010	平台作业升降车	提升高度(m)	9	8～10	80500	5	150	1500	2	11500	1427	4.00	1.40
990512020			16	8～10	128800	5	150	1500	2	18380	1427	4.00	1.40
990512030			20	8～10	151400	5	150	1500	2	21610	1427	4.00	1.40
990512040			22	8～10	173000	5	150	1500	2	24700	1427	4.00	1.40
990512050			40	8～10	200900	5	150	1500	2	28670	1427	4.00	1.40
990513010	汽车式高空作业车		18	8～10	295600	5	150	1500	2	42190			1.40
990513020			21	8～10	506800	5	150	1500	2	72320			1.40
990514010	升板设备	提升质量(t)	60	8～10	191200	5	100	800	1	27280	478	4.00	2.62

六、混凝土及砂浆机械

编码	机械名称	性能规格		折旧年限	预算价格	残值率	年工作台班	耐用总台班	检修次数	一次检修费	一次安拆费及场外运费	年平均安拆次数	*K* 值
				年	元	%	台班	台班	次	元	元	次	
990601010	涡浆式混凝土搅拌机	出料容量（L）	250	8～10	30400	5	180	1750	1	5890	478	4.00	2.38
990601020			350	8～10	42600	5	180	1750	1	8240	478	4.00	2.38
990601030			500	8～10	71500	5	180	1750	1	13850	478	4.00	2.38
990601040			1000	8～10	132400	5	180	1750	1	24940	1427	4.00	2.38
990602010	双锥反转出料混凝土搅拌机		200	8～10	12800	5	180	1750	1	2470	478	4.00	2.64
990602020			350	8～10	22100	5	180	1750	1	4290	478	4.00	2.64
990602030			500	8～10	47600	5	180	1750	1	9220	478	4.00	1.65
990602040			750	8～10	57400	5	180	1750	1	11120	1427	4.00	1.65
990602050			1000	8～10	101600	5	180	1750	1	19720	1427	4.00	1.65
990602060			1500	8～10	108200	5	180	1750	1	21000	1427	4.00	1.65
990603010	单卧轴式混凝土搅拌机		150	8～10	15000	5	180	1750	1	2910	478	4.00	4.04
990603020			250	8～10	26600	5	180	1750	1	5150	478	4.00	4.04
990603030			350	8～10	32300	5	180	1750	1	6260	478	4.00	4.04
990604010	双卧轴式混凝土搅拌机		350	8～10	36700	5	180	1750	1	7100	478	4.00	4.74
990604020			500	8～10	54400	5	180	1750	1	10540	478	4.00	4.74
990604030			800	8～10	125700	5	180	1750	1	24400	478	4.00	4.74
990604040			1000	8～10	140600	5	180	1750	1	27230	1427	4.00	2.86
990604050			1500	8～10	202300	5	180	1750	1	39180	1427	4.00	2.86

续表

编码	机械名称	性能规格		折旧年限	预算价格	残值率	年工作台班	耐用总台班	检修次数	一次检修费	一次安拆费及场外运费	年平均安拆次数	K值
				年	元	%	台班	台班	次	元	元	次	
990605010	混凝土搅拌站	生产率（m^3/h）	15	8～10	253900	5	180	1750	1	49180			2.66
990605020			25	8～10	334300	5	180	1750	1	64760			2.66
990605030			45	8～10	501600	5	180	1750	1	97160			2.66
990605040			50	8～10	585000	5	180	1750	1	113320			2.66
990605050			60	8～10	715900	5	180	1750	1	138650			2.66
990606010	混凝土搅拌输送车	搅动容量（m^3）	4	8～10	393700	5	200	1600	1	70220			4.12
990606020			5	8～10	467500	5	200	1600	1	83390			4.12
990606030			6	8～10	655000	5	200	1600	1	116830			4.12
990606040			7	8～10	668300	5	200	1600	1	119200			4.12
990606050			8	8～10	673300	5	200	1600	1	120100			4.12
990606060			10	8～10	690100	5	200	1600	1	123090			4.12
990606070			12	8～10	695700	5	200	1600	1	124090			4.12
990606080			14	8～10	712500	5	200	1600	1	127080			4.12
990606090			16	8～10	725900	5	200	1600	1	129480			4.12
990607005	混凝土输送泵车	输送量（m^3/h）	20	8～10	584500	5	200	1600	1	77460			2.73
990607010			45	8～10	694200	5	200	1600	1	92000			2.73
990607015			70	8～10	749800	5	200	1600	1	99370			2.73
990607020			75	8～10	891400	5	200	1600	1	118130			2.73

续表

编码	机械名称	性能规格		折旧年限	预算价格	残值率	年工作台班	耐用总台班	检修次数	一次检修费	一次安拆费及场外运费	年平均安拆次数	K 值
				年	元	%	台班	台班	次	元	元	次	
990607025	混凝土输送泵车	输送量（m^3/h）	85	8～10	1296800	5	200	1600	1	171850			2.73
990607030			90	8～10	1707700	5	200	1600	1	226320			1.92
990607035			100	8～10	1797400	5	200	1600	1	238190			1.92
990607040			120	8～10	1977600	5	200	1600	1	262080			1.92
990607045			140	8～10	2214500	5	200	1600	1	293480			1.92
990607050			150	8～10	3749200	5	200	1600	1	496860			1.92
990607055			170	8～10	3944900	5	200	1600	1	522800			1.92
990608005	混凝土输送泵		8	4～5	133600	5	200	1000	1	20440	1427	4.00	2.23
990608010			15	4～5	150900	5	200	1000	1	23080	1427	4.00	2.23
990608015			30	4～5	241700	5	200	1000	1	36960	1427	4.00	2.23
990608020			45	4～5	401300	5	200	1000	1	61360	4013	4.00	1.39
990608025			60	4～5	440300	5	200	1000	1	67330	4013	4.00	1.39
990608030			75	4～5	510900	5	200	1000	1	78120	4013	4.00	1.39
990608035			80	4～5	749300	5	200	1000	1	114580	4013	4.00	1.39
990608040			95	4～5	784900	5	200	1000	1	120020	4013	4.00	1.39
990608045			105	4～5	821900	5	200	1000	1	125690	4013	4.00	1.39
990608050			110	4～5	844600	5	200	1000	1	129150	4013	4.00	1.39

续表

编码	机械名称	性能规格		折旧年限	预算价格	残值率	年工作台班	耐用总台班	检修次数	一次检修费	一次安拆费及场外运费	年平均安拆次数	*K* 值
				年	元	%	台班	台班	次	元	元	次	
990608055	混凝土输送泵	输送量 (m^3/h)	120	4~5	872400	5	200	1000	1	133400	4013	4.00	1.39
990608060			130	4~5	994000	5	200	1000	1	151990	4013	4.00	1.39
990609010	混凝土湿喷机	生产率 (m^3/h)	5	4~5	30400	5	200	1000	1	4650	478	4.00	4.07
990610010	灰浆搅拌机	拌筒容量 (L)	200	8~10	5500	5	180	1750	1	670	478	4.00	4.00
990610020			400	8~10	7500	5	180	1750	1	910	478	4.00	4.00
990611010	干混砂浆罐式搅拌机	公称储量 (L)	20000	8~10	49400	5	180	1750	1	7740	478	4.00	1.95
990612010	挤压式灰浆输送泵	输送量 (m^3/h)	3	4~5	15000	5	200	1000	1	2760	478	4.00	4.80
990612020			4	4~5	19300	5	200	1000	1	3550	478	4.00	4.80
990612030			5	4~5	22100	5	200	1000	1	4060	478	4.00	4.80
990612040			6	4~5	26100	5	200	1000	1	4790	478	4.00	4.80
990613010	筛洗石子机	洗石量 (m^3/h)	10	8~10	10200	5	130	1250	1	1560	478	4.00	2.53
990614010	筛砂机	生产率 (m^3/h)	10	8~10	12900	5	180	1750	1	2490	211	4.00	2.60
990615010	偏心式振动筛		16	8~10	8800	5	180	1750	1	1700	211	4.00	2.60
990616010	混凝土振动台	台面尺寸 (m)	1.5×6	8~10	29800	5	130	1250	1	3650	478	4.00	5.53
990616020			2.4×6.2	8~10	58000	5	130	1250	1	7090	478	4.00	5.53
990617010	混凝土抹平机	功率 (kW)	5.5	8~10	3400	5	180	1750	1	400	211	4.00	3.17
990618010	混凝土切缝机		7.5	8~10	4700	5	180	1750	1	540	211	4.00	3.17

七、加 工 机 械

编码	机械名称	性能规格		折旧年限	预算价格	残值率	年工作台班	耐用总台班	检修次数	一次检修费	一次安拆费及场外运费	年平均安拆次数	K 值
				年	元	%	台班	台班	次	元	元	次	
990701010	钢筋调直机	直径（mm）	14	8 ~ 10	14300	5	100	1000	1	2470	211	4. 00	2. 66
990702010	钢筋切断机		40	8 ~ 10	6400	5	100	1000	1	1110	211	4. 00	4. 44
990702020			50	8 ~ 10	11800	5	100	1000	1	2050	211	4. 00	4. 44
990703010	钢筋弯曲机		40	8 ~ 10	4700	5	100	1000	1	810	211	4. 00	5. 11
990703020			50	8 ~ 10	4800	5	100	1000	1	840	211	4. 00	5. 11
990704010	钢筋镦头机		5	8 ~ 10	6600	5	100	1000	1	1150	211	4. 00	4. 08
990705005	预应力钢筋拉伸机	拉伸力（kN）	600	8 ~ 10	9500	5	100	1000	1	1270			3. 64
990705010			650	8 ~ 10	9900	5	100	1000	1	1310			3. 64
990705015			850	8 ~ 10	10800	5	100	1000	1	1430			3. 64
990705020			900	8 ~ 10	14100	5	100	1000	1	1860			3. 64
990705025			1000	8 ~ 10	17300	5	100	1000	1	2290			3. 64
990705030			1200	8 ~ 10	22100	5	100	1000	1	2930			3. 64
990705035			1500	8 ~ 10	23500	5	100	1000	1	3120			3. 64
990705040			2500	8 ~ 10	32300	5	100	1000	1	4290			3. 64
990705045			3000	8 ~ 10	36700	5	100	1000	1	4860			3. 64
990705050			4000	8 ~ 10	60200	5	100	1000	1	7970			3. 64
990705055			5000	8 ~ 10	78100	5	100	1000	1	10350			3. 64
990706010	木工圆锯机	直径（mm）	500	8 ~ 10	3300	5	150	1300	1	550	211	4. 00	2. 15
990706020			600	8 ~ 10	5600	5	150	1300	1	910	211	4. 00	2. 15

续表

编码	机械名称	性能规格		折旧年限	预算价格	残值率	年工作台班	耐用总台班	检修次数	一次检修费	一次安拆费及场外运费	年平均安拆次数	K值
				年	元	%	台班	台班	次	元	元	次	
990706030	木工圆锯机	直径(mm)	1000	8~10	7900	5	150	1300	1	1280	211	4.00	2.15
990707010	木工台式带锯机	锯轮直径(mm)	1250	8~10	28200	5	220	2000	1	4600			2.25
990708010	卧式带锯机			8~10	7500	5	220	2000	1	2570			2.25
990709010	木工平刨床	刨削宽度(mm)	300	8~10	5100	5	180	1750	1	830			3.86
990709020			500	8~10	15800	5	180	1750	1	2580			3.86
990710010	木工单面压刨床		600	8~10	15000	5	180	1750	1	2440			2.72
990711010	木工双面压刨床		600	8~10	24200	5	180	1750	1	3950			2.72
990712010	木工三面压刨床		400	8~10	33400	5	180	1750	1	5440			2.24
990713010	木工四面压刨床		300	8~10	49000	5	180	1750	1	8000			2.24
990714010	木工开榫机	榫头长度(mm)	160	8~10	37500	5	200	1750	1	6120			3.03
990715010	木工打眼机	榫槽宽度(mm)	16	8~10	6000	5	200	1750	1	980			4.36
990716010	木工榫槽机	榫槽深度(mm)	100	8~10	6000	5	200	1750	1	980			4.28
990717010	木工裁口机	宽度(mm)	400	8~10	9900	5	180	1750	1	1620			2.99
990718010	普通车床	工件直径×工件长度(mm)	400×1000	10~14	48900	5	200	2800	3	5990			1.05
990718020			400×2000	10~14	60800	5	200	2800	3	7430			1.05
990718030			630×1400	10~14	77700	5	200	2800	3	9500			1.05
990718040			630×2000	10~14	95000	5	200	2800	3	11620			1.05
990718050			660×2000	10~14	108200	5	200	2800	3	13230			1.05
990719010	立式车床	直径(mm)	2250	10~14	124600	5	100	1200	1	6350			1.51

续表

编码	机械名称	性能规格		折旧年限	预算价格	残值率	年工作台班	耐用总台班	检修次数	一次检修费	一次安拆费及场外运费	年平均安拆次数	K 值
				年	元	%	台班	台班	次	元	元	次	
990720010	管子车床			10 ~ 14	26000	5	200	2800	3	3970			1.05
990721010	外圆磨床	工件直径×工件长度（mm）	200×500	10 ~ 14	65400	5	150	2100	3	10000			0.72
990722010	龙门刨床	刨削宽度×长度（mm）	1000×3000	10 ~ 14	323900	5	150	2100	3	16510			0.57
990722020			1000×4000	10 ~ 14	338000	5	150	2100	3	17230			0.57
990722030			1000×6000	10 ~ 14	456800	5	150	2100	3	23280			0.57
990723010	牛头刨床	刨削长度（mm）	650	10 ~ 14	53700	5	175	2440	3	2740			0.67
990724010	立式铣床	台宽×台长（mm）	320×1250	10 ~ 14	78600	5	175	2440	3	4010			0.79
990724020			400×1250	10 ~ 14	121000	5	175	2440	3	6170			0.79
990725010	卧式铣床		400×1250	10 ~ 14	78800	5	175	2440	3	4020			0.79
990725020			400×1600	10 ~ 14	101600	5	175	2440	3	5180			0.79
990726010	台式钻床	钻孔直径（mm）	16	10 ~ 14	2700	5	175	2440	3	140			1.86
990726020			25	10 ~ 14	3200	5	175	2440	3	170			1.86
990726030			35	10 ~ 14	7000	5	175	2440	3	360			1.86
990727010	立式钻床		25	10 ~ 14	8700	5	175	2440	3	440			0.91
990727020			35	10 ~ 14	13900	5	175	2440	3	710			0.91
990727030			50	10 ~ 14	29400	5	175	2440	3	1500			0.91
990728010	摇臂钻床		25	10 ~ 14	12700	5	175	2440	3	650			0.55
990728020			50	10 ~ 14	33600	5	175	2440	3	1710			0.55
990728030			63	10 ~ 14	69600	5	175	2440	3	3550			0.55
990728040			80	10 ~ 14	136000	5	175	2440	3	6930			0.55

续表

编码	机械名称	性能规格		折旧年限	预算价格	残值率	年工作台班	耐用总台班	检修次数	一次检修费	一次安拆费及场外运费	年平均安拆次数	K值
				年	元	%	台班	台班	次	元	元	次	
990729010	坐标镗车	工作台(mm)	800×1200	10~14	130800	5	100	1200	1	6670			1.51
990730010	锥形螺纹车丝机	直径(mm)	45	10~14	5100	5	130	1500	2	470	211	4.00	1.70
990731010	螺栓套丝机		39	10~14	4000	5	130	1500	2	200	211	4.00	1.70
990732005	剪板机	厚度×宽度(mm)	6.3×2000	10~14	59700	5	175	2440	3	2440			0.53
990732010			10×2500	10~14	109700	5	175	2440	3	4470			0.53
990732015			13×2500	10~14	131200	5	175	2440	3	5350			0.53
990732020			13×3000	10~14	141500	5	175	2440	3	7150			0.53
990732025			16×2500	10~14	149400	5	175	2440	3	6090			0.53
990732030			20×2000	10~14	195200	5	175	2440	3	7960			0.53
990732035			20×2500	10~14	232800	5	175	2440	3	9490			0.53
990732040			20×4000	10~14	435700	5	175	2440	3	17770			0.53
990732045			32×4000	10~14	758100	5	175	2440	3	30910			0.53
990732050			40×3100	10~14	891400	5	175	2440	3	36350			0.53
990733010	板料校平机		10×2000	10~14	1161800	5	140	1800	2	59220			0.52
990733020			16×2000	10~14	1495600	5	140	1800	2	76230			0.52
990733030			16×2500	10~14	1609900	5	140	1800	2	82060			0.52
990734005	卷板机	板厚×宽度(mm)	2×1600	10~14	38000	5	175	2440	3	1940			0.77
990734010			20×2000	10~14	66400	5	175	2440	3	3390			0.77
990734015			20×2500	10~14	77500	5	175	2440	3	3950			0.77

续表

编码	机械名称	性能规格		折旧年限	预算价格	残值率	年工作台班	耐用总台班	检修次数	一次检修费	一次安拆费及场外运费	年平均安拆次数	K 值
				年	元	%	台班	台班	次	元	元	次	
990734020	卷板机	板厚×宽度(mm)	20×3000	10～14	97400	5	175	2440	3	4970			0.77
990734025			30×2000	10～14	241000	5	175	2440	3	12290			0.77
990734030			30×2500	10～14	291500	5	175	2440	3	14860			0.77
990734035			30×3000	10～14	385200	5	175	2440	3	19640			0.77
990734040			40×3500	10～14	451700	5	175	2440	3	23020			0.77
990734045			40×4000	10～14	1236000	5	175	2440	3	63000			0.77
990734050			45×3500	10～14	1382300	5	175	2440	3	70460			0.77
990734055			70×3000	10～14	1539900	5	175	2440	3	78490			0.77
990735010	联合冲剪机	板厚(mm)	16	10～14	74500	5	120	1350	2	6830			1.03
990735020			30	10～14	99400	5	120	1350	2	9120			1.03
990736010	刨边机	加工长度(mm)	9000	10～14	469900	5	160	2160	2	43110			1.07
990736020			12000	10～14	565000	5	160	2160	2	51830			1.07
990737010	折方机	厚度×宽度(mm)	1.5×2000	10～14	8400	5	130	1500	2	780			0.42
990737020			2×1000	10～14	4600	5	130	1500	2	430			0.42
990737030			2×1500	10～14	6200	5	130	1500	2	570			0.42
990737040			4×2000	10～14	32200	5	130	1500	2	2950			0.42
990738010	扳边机		2×1500	10～14	10800	5	130	1500	2	990			0.42
990739010	咬口机	板厚(mm)	1.2	8～10	5600	5	150	1200	1	280			2.79
990739020			1.5	8～10	8800	5	150	1200	1	450			2.79
990740010	坡口机	功率(kW)	2.2	8～10	15100	5	100	800	1	770	211	4.00	2.40
990740020			2.8	8～10	15700	5	100	800	1	800	211	4.00	2.40

续表

编码	机械名称	性能规格		折旧年限	预算价格	残值率	年工作台班	耐用总台班	检修次数	一次检修费	一次安拆费及场外运费	年平均安拆次数	K 值
				年	元	%	台班	台班	次	元	元	次	
990741010	开卷机	厚度(mm)	12	10～14	6800	5	120	1200	1	340			1.67
990742010	开孔机	开孔直径(mm)	200	10～14	4500	5	120	1200	1	230			1.67
990742020	开孔机	开孔直径(mm)	400	10～14	4700	5	120	1200	1	240			1.67
990742030	开孔机	开孔直径(mm)	600	10～14	6400	5	120	1200	1	330			1.67
990743010	等离子切割机	电流(A)	400	4～5	33500	5	160	800	1	5120	478	4.00	5.97
990744010	半自动切割机	厚度(mm)	100	7～10	3300	5	150	1500	1	510	478	4.00	6.26
990745010	自动仿形切割机	厚度(mm)	60	7～10	8600	5	150	1500	1	1310	478	4.00	6.26
990746010	弓锯床	锯料直径(mm)	250	10～14	16100	5	100	1200	1	820	211	4.00	1.51
990747010	管子切断机	管径(mm)	60	10～14	7100	5	130	1500	2	650	211	4.00	2.80
990747020	管子切断机	管径(mm)	150	10～14	20100	5	130	1500	2	1850	211	4.00	2.09
990747030	管子切断机	管径(mm)	250	10～14	23100	5	130	1500	2	2120	211	4.00	2.09
990747040	管子切断机	管径(mm)	325	10～14	59100	5	130	1500	2	5420	211	4.00	2.09
990748010	管子切断套丝机	管径(mm)	159	10～14	7000	5	130	1500	2	360	211	4.00	3.30
990749010	型钢剪断机	剪断宽度(mm)	500	10～14	115800	5	175	2440	3	5900			0.97
990750010	校直机			10～14	6600	5	140	1800	2	340			0.52
990751010	型钢矫正机	厚度×宽度(mm)	60×800	10～14	38500	5	175	2440	3	1960			0.97
990752010	型钢组立机	厚度×宽度(mm)	60×800	10～14	10100	5	175	2440	3	520			0.97
990753010	中频加热处理机	功率(kW)	50	10～14	13200	5	130	1500	2	670			1.16
990753020	中频加热处理机	功率(kW)	100	10～14	99300	5	130	1500	2	5060			1.16

续表

编码	机械名称	性能规格		折旧年限	预算价格	残值率	年工作台班	耐用总台班	检修次数	一次检修费	一次安拆费及场外运费	年平均安拆次数	*K* 值
				年	元	%	台班	台班	次	元	元	次	
990754010	中频感应炉	功率（kW）	250	10～14	4900	5	130	1500	2	250			1.16
990755010	中频煨弯机		160	10～14	55800	5	130	1500	2	2850	211	4.00	1.16
990755020			250	10～14	80800	5	130	1500	2	4120	211	4.00	1.16
990756010	钢材电动煨弯机	弯曲直径（mm）	500 以内	10～14	48100	5	140	1875	2	2450	211	4.00	0.69
990756020			500～1800	10～14	99400	5	140	1875	2	5070	211	4.00	0.69
990757010	法兰卷圆机	L40×4		8～10	12800	5	100	800	1	650	211	4.00	3.20
990758010	电动弯管机	管径（mm）	50	10～14	7000	5	130	1500	2	360	211	4.00	1.16
990758020			100	10～14	14000	5	130	1500	2	710	211	4.00	1.16
990758030			108	10～14	71500	5	130	1500	2	3650	211	4.00	1.16
990759010	液压弯管机		60	10～14	33500	5	130	1500	2	1710	211	4.00	1.16
990760010	空气锤	锤体质量（kg）	75	10～14	24200	5	170	1950	2	1230			1.28
990760020			150	10～14	47000	5	170	1950	2	2390			1.28
990760030			400	10～14	127200	5	170	1950	2	6480			1.28
990760040			750	10～14	282200	5	170	1950	2	14390			1.28
990760050			1000	10～14	334800	5	170	1950	2	17060			1.28
990761010	摩擦压力机	压力（kN）	1600	10～14	110700	5	150	2000	1	5640			1.58
990761020			3000	10～14	242100	5	150	2000	1	12340			1.58
990762010	开式可倾压力机		630	10～14	51500	5	120	1200	1	2630			1.67
990762020			800	10～14	67400	5	120	1200	1	3430			1.67
990762030			1250	10～14	101600	5	120	1200	1	5180			1.67

续表

编码	机械名称	性能规格		折旧年限	预算价格	残值率	年工作台班	耐用总台班	检修次数	一次检修费	一次安拆费及场外运费	年平均安拆次数	K值
				年	元	%	台班	台班	次	元	元	次	
990763010	液压机	压力(kN)	500	10～14	140500	5	170	1950	2	7160			1.28
990763020			800	10～14	147000	5	170	1950	2	7490			1.28
990763030			1000	10～14	156900	5	170	1950	2	8000			1.28
990763040			1200	10～14	163300	5	170	1950	2	8320			1.28
990763050			2000	10～14	172400	5	170	1950	2	8790			1.28
990763060			5000	10～14	190600	5	170	1950	2	9710			1.28
990763070			8000	10～14	764300	5	170	1950	2	38960			1.28
990763080			12000	10～14	850800	5	170	1950	2	43370			1.28
990764010	液压压接机	压力(t)	100	8～10	35600	5	150	1200	1	1820	211	4.00	1.06
990764020			200	8～10	59100	5	150	1200	4	3010	211	4.00	1.06
990765010	钢筋挤压连接机	直径(mm)	40	10～14	20200	5	120	1440	1	1030	211	4.00	2.20
990766010	风动锻钎机			10～14	17200	5	130	1560	2	880	478	4.00	0.70
990767010	液压锻钎机	功率(kW)	11	10～14	23600	5	130	1560	2	1200	478	4.00	0.70
990768010	电动修钎机			10～14	33400	5	130	1560	2	1700	478	4.00	0.68
990769010	磨砖机	功率(kW)	4	8～10	6000	5	100	800	1	310	211	4.00	1.26
990769020			4.5	8～10	6500	5	100	800	1	330	211	4.00	1.26
990770010	切砖机		1.7	8～10	6700	5	100	800	1	340	211	4.00	0.97
990770020			2.2	8～10	8700	5	100	800	1	450	211	4.00	0.97
990770030			2.8	8～10	10500	5	100	800	1	540	211	4.00	0.97
990770040			5.5	8～10	12900	5	100	800	1	670	211	4.00	0.97

续表

编码	机械名称	性能规格		折旧年限	预算价格	残值率	年工作台班	耐用总台班	检修次数	一次检修费	一次安拆费及场外运费	年平均安拆次数	K 值
				年	元	%	台班	台班	次	元	元	次	
990771010	钻砖机	功率（kW）	13	8～10	2600	5	100	800	1	140	211	4.00	1.69
990772010	岩石切割机		3	8～10	27600	5	100	800	1	1340	211	4.00	0.97
990773010	平面水磨石机		3	8～10	2800	5	120	1000	1	150	211	4.00	8.50
990774010	立面水磨石机		1.1	8～10	6900	5	120	1000	1	350	211	4.00	8.50
990775010	喷砂除锈机	能力（m^3/min）	3	8～10	11700	5	150	1500	2	600	211	4.00	1.43
990776010	抛丸除锈机	直径（mm）	219	8～10	364600	5	150	1500	2	18590	211	4.00	1.43
990776020			500	8～10	496500	5	150	1500	2	25310	211	4.00	1.43
990776030			1000	8～10	901300	5	150	1500	2	45940	211	4.00	1.43
990777010	涂料机	处理直径（mm）	300	8～10	3900	5	150	1200	1	430	211	4.00	1.06
990777020			1000	8～10	7100	5	150	1200	1	790	211	4.00	1.06
990777030			2000	8～10	8700	5	150	1200	1	970	211	4.00	1.06
990777040			3000	8～10	9700	5	150	1200	1	1090	211	4.00	1.06
990778010	万能母线煨弯机			10～14	15100	5	120	1440	1	770	211	4.00	2.20
990779010	封口机			10～14	33600	5	120	1440	1	1710	211	4.00	2.20
990780010	对口器	直径（mm）	426	8～10	47100	5	200	1650	2	2400	211	4.00	1.60
990780020			529	8～10	50200	5	200	1650	2	2560	211	4.00	1.60
990780030			720	8～10	97300	5	200	1650	2	4960	211	4.00	1.60
990781010	钢绞线横穿孔机	功率（kW）	40	10～14	539700	5	120	1440	1	27510	211	4.00	2.20
990782010	数控钢筋调直切断机	直径（mm）	1.8～3	10～14	51500	5	170	2100	1	8930	211	4.00	0.75
990782020			3～7	10～14	185400	5	170	2100	1	32130	211	4.00	0.75

八、泵 类 机 械

编码	机械名称	性能规格			折旧年限	预算价格	残值率	年工作台班	耐用总台班	检修次数	一次检修费	一次安拆费及场外运费	年平均安拆次数	K值
					年	元	%	台班	台班	次	元	元	次	
990801010	电动单级离心清水泵	出口直径(mm)	50		8～10	2500	5	120	1200	2	490	211	4.00	2.41
990801020	电动单级离心清水泵	出口直径(mm)	100		8～10	3800	5	120	1200	2	740	211	4.00	2.41
990801030	电动单级离心清水泵	出口直径(mm)	150		8～10	5400	5	120	1200	2	1050	211	4.00	2.41
990801040	电动单级离心清水泵	出口直径(mm)	200		8～10	7100	5	120	1200	2	1370	211	4.00	2.41
990801050	电动单级离心清水泵	出口直径(mm)	250		8～10	10500	5	120	1200	2	2030	211	4.00	2.41
990802010	内燃单级离心清水泵	出口直径(mm)	50		8～10	4400	5	120	1200	2	850	211	4.00	1.79
990802020	内燃单级离心清水泵	出口直径(mm)	100		8～10	7700	5	120	1200	2	1490	211	4.00	1.79
990802030	内燃单级离心清水泵	出口直径(mm)	150		8～10	11500	5	120	1200	2	2230	211	4.00	1.79
990802040	内燃单级离心清水泵	出口直径(mm)	200		8～10	17800	5	120	1200	2	3450	211	4.00	1.79
990802050	内燃单级离心清水泵	出口直径(mm)	250		8～10	35700	5	120	1200	2	6920	211	4.00	1.79
990803010	电动多级离心清水泵	出口直径(mm)	50		8～10	6400	5	120	1200	2	1240	211	4.00	2.58
990803020	电动多级离心清水泵	出口直径(mm)	100	扬程(m) 120 以下	8～10	11800	5	120	1200	2	2290	211	4.00	2.58
990803030	电动多级离心清水泵	出口直径(mm)	100	扬程(m) 120 以上	8～10	16100	5	120	1200	2	3110	211	4.00	2.58
990803040	电动多级离心清水泵	出口直径(mm)	150	扬程(m) 180 以下	8～10	25300	5	120	1200	2	4910	211	4.00	2.58
990803050	电动多级离心清水泵	出口直径(mm)	150	扬程(m) 180 以上	8～10	36000	5	120	1200	2	6980	211	4.00	2.58
990803060	电动多级离心清水泵	出口直径(mm)	200	扬程(m) 280 以下	8～10	40100	5	120	1200	2	7760	211	4.00	2.58
990803070	电动多级离心清水泵	出口直径(mm)	200	扬程(m) 280 以上	8～10	50200	5	120	1200	2	9730	211	4.00	2.58

续表

编码	机械名称	性能规格		折旧年限	预算价格	残值率	年工作台班	耐用总台班	检修次数	一次检修费	一次安拆费及场外运费	年平均安拆次数	*K* 值
				年	元	%	台班	台班	次	元	元	次	
990804010	单级自吸水泵	出口直径（mm）	150	8～10	25500	5	150	1500	1	3890	211	4.00	2.02
990805010	污水泵		70	8～10	2900	5	120	1000	1	450	211	4.00	3.24
990805020			100	8～10	6900	5	120	1000	1	1060	211	4.00	3.24
990805030			150	8～10	10100	5	120	1000	1	1550	211	4.00	3.24
990805040			200	8～10	32400	5	120	1000	1	4950	211	4.00	3.24
990806010	泥浆泵		50	8～10	4800	5	120	1000	1	740	211	4.00	3.24
990806020			100	8～10	18200	5	120	1000	1	2780	211	4.00	3.24
990807010	耐腐蚀泵		40	8～10	6400	5	120	1000	1	980	211	4.00	5.39
990807020			50	8～10	8400	5	120	1000	1	1280	211	4.00	5.39
990807030			80	8～10	8500	5	120	1000	1	1300	211	4.00	5.39
990807040			100	8～10	9800	5	120	1000	1	1500	211	4.00	5.39
990808010	真空泵	抽气速度（m^3/h）	204	8～10	9500	5	100	1000	1	1460	211	4.00	2.15
990808020			660	8～10	10900	5	100	1000	1	1670	211	4.00	2.15
990809010	潜水泵	出口直径（mm）	50	8～10	2500	5	150	1200	1	390	211	4.00	5.44
990809020			100	8～10	3600	5	150	1200	1	550	211	4.00	5.44
990809030			150	8～10	8500	5	150	1200	1	1290	211	4.00	5.44

续表

编码	机械名称	性能规格		折旧年限	预算价格	残值率	年工作台班	耐用总台班	检修次数	一次检修费	一次安拆费及场外运费	年平均安拆次数	*K* 值
				年	元	%	台班	台班	次	元	元	次	
990810010	砂泵	出口直径（mm）	65	8～10	6900	5	100	800	1	1060	211	4.00	3.76
990810020			100	8～10	15100	5	100	800	1	2320	211	4.00	3.76
990810030			125	8～10	25300	5	100	800	1	3880	211	4.00	3.76
990811010	高压油泵	压力（MPa）	50	8～10	6400	5	150	1200	1	980	211	4.00	3.33
990811020			80	8～10	10100	5	150	1200	1	1550	211	4.00	3.33
990812010	齿轮油泵	流量（L/min）	2.5	8～10	3300	5	150	1200	1	500	211	4.00	3.33
990813005	试压泵	压力（MPa）	2.5	8～10	2000	5	150	1200	1	310	211	4.00	3.04
990813010			3	8～10	3900	5	150	1200	1	590	211	4.00	3.04
990813015			4	8～10	4000	5	150	1200	1	620	211	4.00	3.04
990813020			6	8～10	4300	5	150	1200	1	660	211	4.00	3.04
990813025			10	8～10	5000	5	150	1200	1	760	211	4.00	3.04
990813030			25	8～10	5400	5	150	1200	1	820	211	4.00	3.04
990813035			30	8～10	5500	5	150	1200	1	840	211	4.00	3.04
990813040			35	8～10	5600	5	150	1200	1	860	211	4.00	3.04
990813045			60	8～10	5800	5	150	1200	1	880	211	4.00	3.04
990813050			80	8～10	7400	5	150	1200	1	1130	211	4.00	3.04
990814010	射流井点泵	最大抽吸深度（m）	9.5	8～10	7200	5	150	1200	2	1640	211	4.00	3.72

九、焊 接 机 械

编码	机械名称	性能规格		折旧年限	预算价格	残值率	年工作台班	耐用总台班	检修次数	一次检修费	一次安拆费及场外运费	年平均安拆次数	*K* 值
				年	元	%	台班	台班	次	元	元	次	
990901010	交流弧焊机	容量（kV·A）	21	7～10	3300	5	150	1500	1	650	478	4.00	3.33
990901020			32	7～10	4500	5	150	1500	1	860	478	4.00	3.33
990901030			40	7～10	5000	5	150	1500	1	980	478	4.00	3.33
990901040			42	7～10	5400	5	150	1500	1	1050	478	4.00	3.33
990901050			50	7～10	5600	5	150	1500	1	1080	478	4.00	3.33
990901060			80	7～10	6500	5	150	1500	1	1250	478	4.00	3.33
990902010	硅整流弧焊机		15	7～10	8500	5	160	1500	1	1290	478	4.00	3.45
990902020			20	7～10	9900	5	160	1500	1	1510	478	4.00	3.45
990902030			25	7～10	13000	5	160	1500	1	1990	478	4.00	3.45
990903010	多功能弧焊整流器	电流（A）	630	7～10	14900	5	150	1200	1	2900	478	4.00	2.92
990903020			1000	7～10	22700	5	150	1200	1	4400	478	4.00	2.92
990904010	直流弧焊机	容量（kV·A）	10	7～10	4500	5	150	1500	1	870	478	4.00	4.00
990904020			14	7～10	6400	5	150	1500	1	1240	478	4.00	4.00
990904030			20	7～10	8400	5	150	1500	1	1640	478	4.00	3.71
990904040			32	7～10	10100	5	150	1500	1	1970	478	4.00	3.71
990904050			40	7～10	12900	5	150	1500	1	2490	478	4.00	3.71

续表

编码	机械名称	性能规格		折旧年限	预算价格	残值率	年工作台班	耐用总台班	检修次数	一次检修费	一次安拆费及场外运费	年平均安拆次数	*K* 值
				年	元	%	台班	台班	次	元	元	次	
990905010	汽油电焊机	电流（A）	160	7～10	19200	5	200	1400	1	3720	478	4.00	1.19
990905020			300	7～10	28200	5	200	1400	1	5480	478	4.00	1.19
990906010	柴油电焊机		500	7～10	33400	5	200	1400	1	6480	478	4.00	1.19
990907010	拖拉机驱动弧焊机	单弧		7～10	97000	5	150	1500	1	18800	478	4.00	0.53
990907020		二弧		7～10	116600	5	150	1500	1	22640	478	4.00	0.53
990907030		四弧		7～10	609800	5	150	1500	1	98340	478	4.00	0.53
990908010	点焊机	容量（kV·A）	50	7～10	10000	5	150	1500	1	1940	478	4.00	2.92
990908020			75	7～10	13100	5	150	1500	1	2540	478	4.00	2.92
990908030			100	7～10	22700	5	150	1500	1	4400	478	4.00	2.92
990909010	多头点焊机		6×35	7～10	55300	5	150	1500	1	8220	478	4.00	2.92
990910010	对焊机		10	7～10	3900	5	150	1250	1	750	478	4.00	3.13
990910020			25	7～10	6000	5	150	1250	1	1170	478	4.00	3.13
990910030			75	7～10	9000	5	150	1250	1	1740	478	4.00	3.13
990910040			150	7～10	10100	5	150	1250	1	1970	478	4.00	3.13
990911010	热熔对接焊机	直径（mm）	160	7～10	2200	5	150	1250	1	420	478	4.00	1.06
990911020			250	7～10	3300	5	150	1250	1	640	478	4.00	1.06

续表

编码	机械名称	性能规格		折旧年限	预算价格	残值率	年工作台班	耐用总台班	检修次数	一次检修费	一次安拆费及场外运费	年平均安拆次数	*K* 值
				年	元	%	台班	台班	次	元	元	次	
990911030	热熔对接焊机	直径（mm）	630	7～10	9500	5	150	1250	1	1840	478	4.00	1.06
990911040			800	7～10	9900	5	150	1250	1	1920	478	4.00	1.06
990912010	氩弧焊机	电流（A）	500	7～10	14000	5	100	800	1	2140	478	4.00	3.40
990913010	二氧化碳气体保护焊机		250	7～10	13100	5	100	800	1	2000	478	4.00	5.15
990913020			500	7～10	33500	5	100	800	1	5120	478	4.00	5.15
990914010	等离子弧焊机		300	7～10	25300	5	100	800	1	3880	478	4.00	5.40
990915010	自动埋弧焊机		500	7～10	26500	5	150	1500	1	2970	478	4.00	5.32
990915020			1200	7～10	35200	5	150	1500	1	3950	478	4.00	5.32
990915030			1500	7～10	43600	5	150	1500	1	4890	478	4.00	5.32
990916010	电渣焊机		1000	7～10	54400	5	150	1500	1	6100	478	4.00	3.18
990917010	缝焊机	容量（kV·A）	150	7～10	35600	5	150	1500	1	4000	478	4.00	3.18
990918010	土工膜焊接机	厚度（mm）	8～160	7～10	5600	5	150	1250	1	1080	478	4.00	2.92
990919010	电焊条烘干箱	容量（cm^3）	45×35×45	8～10	5400	5	120	1200	1	830	211	4.00	1.73
990919020			55×45×55	8～10	7700	5	120	1200	1	1180	211	4.00	1.73
990919030			60×50×75	8～10	9900	5	120	1200	1	1520	211	4.00	1.73
990919040			80×80×100	8～10	14900	5	120	1200	1	2280	211	4.00	1.73
990919050			75×105×135	8～10	16100	5	120	1200	1	2460	211	4.00	1.73

十、动力机械

编码	机械名称	性能规格		折旧年限	预算价格	残值率	年工作台班	耐用总台班	检修次数	一次检修费	一次安拆费及场外运费	年平均安拆次数	K值
				年	元	%	台班	台班	次	元	元	次	
991001010	汽油发电机组	功率(kW)	3	11~18	5600	5	180	2250	2	620	817	4.00	3.86
991001020			6	11~18	13200	5	180	2250	2	1480	817	4.00	3.86
991001030			10	11~18	22100	5	180	2250	2	2480	817	4.00	3.86
991002005	柴油发电机组		30	11~18	45100	5	150	2250	2	5060	817	4.00	3.26
991002010			50	11~18	51200	5	150	2250	2	5750	817	4.00	3.26
991002015			60	11~18	55800	5	150	2250	2	6260	817	4.00	3.26
991002020			75	11~18	60400	5	150	2250	2	6770	817	4.00	3.26
991002025			90	11~18	63300	5	150	2250	2	7100	817	4.00	3.26
991002030			100	11~18	66600	5	150	2250	2	7470	817	4.00	3.26
991002035			120	11~18	84900	5	150	2250	2	9520	817	4.00	3.26
991002040			150	11~18	108200	5	150	2250	2	12130	817	4.00	3.26
991002045			200	11~18	172000	5	150	2250	2	19290	817	4.00	3.26
991002050			300	11~18	253400	5	150	2250	2	28410	817	4.00	2.73
991002055			400	11~18	260600	5	150	2250	2	29220	817	4.00	2.73
991003010	电动空气压缩机	排气量(m^3/min)	0.3	8~10	2700	5	200	1980	2	420	817	4.00	4.78
991003020			0.6	8~10	3600	5	200	1980	2	550	817	4.00	4.78
991003030			1	8~10	5300	5	200	1980	2	800	817	4.00	4.78

续表

编码	机械名称	性能规格		折旧年限	预算价格	残值率	年工作台班	耐用总台班	检修次数	一次检修费	一次安拆费及场外运费	年平均安拆次数	K 值
				年	元	%	台班	台班	次	元	元	次	
991003040	电动空气压缩机	排气量（m^3/min）	3	8～10	33400	5	200	1980	2	5100	817	4.00	2.11
991003050			6	8～10	51200	5	200	1980	2	7840	817	4.00	2.11
991003060			9	8～10	73600	5	200	1980	2	11260	817	4.00	2.11
991003070			10	8～10	75000	5	200	1980	2	11470	817	4.00	2.11
991003080			20	8～10	140600	5	200	1980	2	21500	1427	4.00	2.11
991003090			40	8～10	325400	5	200	1980	2	49760	1427	4.00	1.65
991004010	内燃空气压缩机		3	8～10	40900	5	200	1980	2	7920	817	4.00	3.32
991004020			6	8～10	70500	5	200	1980	2	13650	817	4.00	3.32
991004030			9	8～10	89900	5	200	1980	2	17420	817	4.00	3.32
991004040			12	8～10	107800	5	200	1980	2	20890	817	4.00	3.32
991004050			17	8～10	130200	5	200	1980	2	25220	1427	4.00	3.32
991004060			30	8～10	305900	5	200	1980	2	46780	1427	4.00	3.32
991004070			40	8～10	323900	5	200	1980	2	62740	1427	4.00	2.38
991005010	无油空气压缩机		9	8～10	119500	5	200	1980	2	23140	1427	4.00	1.38
991005020			20	8～10	283300	5	200	1980	2	54860	1427	4.00	1.38
991006010	工业锅炉	蒸发量（t/h）	1	8～10	143200	5	200	1600	1	23350	4013	4.00	0.52
991006020			2	8～10	156600	5	200	1600	1	25540	4013	4.00	0.52
991006030			4	8～10	253600	5	200	1600	1	41360	4013	4.00	0.52

十一、地下工程机械

编码	机械名称	性能规格		折旧年限	预算价格	残值率	年工作台班	耐用总台班	检修次数	一次检修费	一次安拆费及场外运费	年平均安拆次数	K值
				年	元	%	台班	台班	次	元	元	次	
991101010	干式出土盾构掘进机	直径(mm)	3500	8～10	1839600	5	250	2250	1	337550			1.73
991101020			4000	8～10	2621400	5	250	2250	1	481010			1.73
991101030			5000	8～10	2754700	5	250	2250	1	505480			1.73
991101040			6000	8～10	3344400	5	250	2250	1	613680			1.73
991101050			7000	8～10	3652400	5	250	2250	1	670190			1.73
991101060			10000	8～10	6441600	5	250	2250	1	1182010			1.73
991101070			12000	8～10	8508800	5	250	2250	1	1561330			1.73
991102010	水力出土盾构掘进机		3500	8～10	2105000	5	250	2250	1	343340			1.70
991102020			5000	8～10	2961900	5	250	2250	1	483100			1.70
991102030			6000	8～10	3634900	5	250	2250	1	592870			1.70
991102040			7000	8～10	3855300	5	250	2250	1	628820			1.70
991102050			10000	8～10	6988600	5	250	2250	1	1139880			1.70
991102060			12000	8～10	11577200	5	250	2250	1	1888320			1.70
991103010	气压平衡式盾构掘进机		3500	8～10	3962700	5	225	2250	1	646350			1.53
991103020			5000	8～10	4496000	5	225	2250	1	733320			1.53
991103030			7000	8～10	6031700	5	225	2250	1	983810			1.53
991104010	刀盘式干出土土压平衡盾构掘进机		3500	8～10	3372400	5	225	2250	1	618820			1.73
991104020			4000	8～10	3576200	5	225	2250	1	656210			1.73
991104030			5000	8～10	5659900	5	225	2250	1	1038560			1.73

续表

编码	机械名称	性能规格		折旧年限	预算价格	残值率	年工作台班	耐用总台班	检修次数	一次检修费	一次安拆费及场外运费	年平均安拆次数	*K* 值
				年	元	%	台班	台班	次	元	元	次	
991104040	刀盘式干出土土压平衡盾构掘进机	直径（mm）	6000	8 ~ 10	6509600	5	225	2250	1	1194480			1.73
991104050			7000	8 ~ 10	7062700	5	225	2250	1	1296000			1.73
991104060			10000	8 ~ 10	17880800	5	225	2250	1	3281040			1.73
991104070			12000	8 ~ 10	22989600	5	225	2250	1	4218480			1.73
991105010	刀盘式水力出土泥水平衡盾构掘进机		3500	8 ~ 10	3860400	5	225	2250	1	708370			1.70
991105020			5000	8 ~ 10	5917400	5	225	2250	1	1085810			1.70
991105030			6000	8 ~ 10	6731100	5	225	2250	1	1201100			1.70
991105040			7000	8 ~ 10	7512800	5	225	2250	1	1378570			1.70
991105050			10000	8 ~ 10	19209500	5	225	2250	1	3524850			1.70
991105060			12000	8 ~ 10	24277100	5	225	2250	1	4454730			1.70
991106010	盾构同步压浆泵	*D*2.1m × 7m		8 ~ 10	365100	5	140	1120	1	44670	1427	4.00	1.17
991107010	盾构医疗闸设备	*D*2.1m × 7m		8 ~ 10	202200	5	200	2000	1	24730	1427	4.00	2.21
991108010	垂直顶升设备			8 ~ 10	365500	5	150	1500	1	44720	1427	4.00	1.96
991109010	履带式抓斗成槽机	槽宽（mm）	600	10 ~ 14	1930800	5	220	2625	2	216520			1.41
991109020			800	10 ~ 14	3344400	5	220	2625	2	375030			1.41
991109030			1000	10 ~ 14	3836800	5	220	2625	2	430200			1.41
991109040			1200	10 ~ 14	5041900	5	220	2625	2	565370			1.41
991110010	导杆式液压抓斗成槽机			10 ~ 14	5728900	5	220	2625	2	642410			1.41
991111010	井架式液压抓斗成槽机			10 ~ 14	358300	5	220	2625	2	40180			4.90

续表

编码	机械名称	性能规格		折旧年限	预算价格	残值率	年工作台班	耐用总台班	检修次数	一次检修费	一次安拆费及场外运费	年平均安拆次数	K值
				年	元	%	台班	台班	次	元	元	次	
991112010	超声波测壁机			5~10	38600	5	150	900	2	4330	211	4.00	1.65
991113010	泥浆制作循环设备			10~14	1283400	5	175	1750	1	78500	4013	4.00	1.51
991114010	锁口管顶升机			10~14	85000	5	150	1500	1	7800	211	4.00	4.39
991115010	潜水电钻	75 型		8~10	28200	5	100	800	1	1730	478	4.00	2.32
991115020		80 型		8~10	36700	5	100	800	1	2240	478	4.00	2.32
991116010	工程地质液压钻机			8~10	63700	5	150	1400	1	5850	478	4.00	1.07
991117005	刀盘式土压平衡顶管掘进机	管径(mm)	1400	8~10	884800	5	225	2250	1	135290			1.84
991117010			1650	8~10	906000	5	225	2250	1	138540			1.84
991117015			1800	8~10	1157700	5	225	2250	1	177030			1.84
991117020			2000	8~10	1293700	5	225	2250	1	197820			1.84
991117025			2200	8~10	1397700	5	225	2250	1	213730			1.84
991117030			2400	8~10	2530700	5	225	2250	1	386980			1.84
991117035			2460	8~10	2705800	5	225	2250	1	413750			1.84
991117040			2600	8~10	2762500	5	225	2250	1	422420			1.84
991117045			2800	8~10	2828400	5	225	2250	1	432500			1.84
991117050			3000	8~10	3035400	5	225	2250	1	464150			1.84

续表

编码	机械名称	性能规格		折旧年限	预算价格	残值率	年工作台班	耐用总台班	检修次数	一次检修费	一次安拆费及场外运费	年平均安拆次数	K 值
				年	元	%	台班	台班	次	元	元	次	
991118005	刀盘式泥水平衡顶管掘进机	管径（mm）	600	8～10	776600	5	225	2250	1	118760			1.84
991118010			800	8～10	786900	5	225	2250	1	120330			1.84
991118015			1000	8～10	806500	5	225	2250	1	123320			1.84
991118020			1200	8～10	893000	5	225	2250	1	136550			1.84
991118025			1400	8～10	952800	5	225	2250	1	145690			1.84
991118030			1600	8～10	1287500	5	225	2250	1	196880			1.84
991118035			1800	8～10	1582100	5	225	2250	1	241920			1.84
991118040			2000	8～10	2004400	5	225	2250	1	306500			1.84
991118045			2200	8～10	2530700	5	225	2250	1	386980			1.84
991118050			2400	8～10	2931400	5	225	2250	1	448250			1.84
991118055			2600	8～10	3373300	5	225	2250	1	515810			1.84
991118060			3000	8～10	3527800	5	225	2250	1	539440			1.84
991119010	挤压法顶管设备		1000	8～10	55300	5	225	2250	1	8460	211	4.00	2.74
991119020			1200	8～10	64200	5	225	2250	1	9810	211	4.00	2.74
991119030			1400	8～10	65800	5	225	2250	1	10060	211	4.00	2.74
991119040			1500	8～10	76400	5	225	2250	1	11690	211	4.00	2.74
991119050			1650	8～10	92200	5	225	2250	1	14100	211	4.00	2.74

续表

编码	机械名称	性能规格		折旧年限	预算价格	残值率	年工作台班	耐用总台班	检修次数	一次检修费	一次安拆费及场外运费	年平均安拆次数	*K*值
				年	元	%	台班	台班	次	元	元	次	
991119060	挤压法顶管设备	管径（mm）	1800	8～10	139500	5	225	2250	1	21330	211	4.00	2.74
991119070			2000	8～10	143800	5	225	2250	1	21990	211	4.00	2.74
991119080			2200	8～10	197800	5	225	2250	1	30240	211	4.00	2.74
991119090			2400	8～10	286900	5	225	2250	1	43860	211	4.00	2.74
991120010	遥控顶管掘进机		800	8～10	2230000	5	225	2250	1	340990	1427	4.00	1.84
991120020			1200	8～10	2445200	5	225	2250	1	373910	1427	4.00	1.84
991120030			1350	8～10	2649200	5	225	2250	1	405090	1427	4.00	1.84
991120040			1650	8～10	2827400	5	225	2250	1	432340	1427	4.00	1.84
991120050			1800	8～10	3133300	5	225	2250	1	479120	1427	4.00	1.84
991121010	人工挖土法顶管设备		1200	8～10	26600	5	225	2250	1	4070	211	4.00	4.36
991121020			1650	8～10	33500	5	225	2250	1	5120	211	4.00	4.36
991121030			2000	8～10	35700	5	225	2250	1	5470	211	4.00	4.36
991121040			2460	8～10	36300	5	225	2250	1	5540	211	4.00	4.36
991122010	液压柜（动力系统）			8～10	17000	5	225	2250	1	1560	211	4.00	5.40

续表

编码	机械名称	性能规格		折旧年限	预算价格	残值率	年工作台班	耐用总台班	检修次数	一次检修费	一次安拆费及场外运费	年平均安拆次数	K值
				年	元	%	台班	台班	次	元	元	次	
991123010	悬臂式掘进机	功率（kW）	318	8～10	13184000	5	225	2250	1	204800			1.84
991124010	轨道车		120	10～14	492300	5	235	2814	2	60230			2.71
991124020			210	10～14	792100	5	235	2814	2	96890			2.71
991124030			290	10～14	901300	5	235	2814	2	110250			2.71
991125010	电力机车			10～14	2224800	5	235	2814	2	272160			2.71
991126010	动力稳定车			10～14	7658100	5	235	2814	2	936810			2.71
991127010	配砟整形车	工作能力（m/h）	1200	10～14	2729500	5	235	2814	2	333900			2.71
991128010	起拔道捣固车		1100	10～14	9187600	5	235	2814	2	1123920			2.71
991129010	电气化安装作业车			10～14	1565600	5	235	2814	2	191520			2.71
991130010	移动式焊轨机组			10～14	9012500	5	235	2814	2	1102500			2.71

十二、其 他 机 械

编码	机械名称	性能规格		折旧年限	预算价格	残值率	年工作台班	耐用总台班	检修次数	一次检修费	一次安拆费及场外运费	年平均安拆次数	K值
				年	元	%	台班	台班	次	元	元	次	
991201010	轴流通风机	功率（kW）	7.5	8～10	3300	5	100	1000	1	500	211	4.00	2.52
991201020			30	8～10	9900	5	100	1000	1	1520	211	4.00	2.52
991201030			100	8～10	22100	5	100	1000	1	3390	211	4.00	1.87
991201040			150	8～10	100400	5	100	1000	1	15360	211	4.00	1.87
991201050			220	8～10	120700	5	100	1000	1	18460	211	4.00	1.87
991202010	离心通风机	能力（m^3/min）	1300	8～10	9700	5	120	1000	1	1880	211	4.00	1.87
991202020			1800	8～10	11000	5	120	1000	1	2120	211	4.00	1.87
991202030			2500	8～10	17200	5	120	1000	1	3330	211	4.00	1.25
991202040			3200	8～10	22100	5	120	1000	1	4270	211	4.00	1.25
991203010	吹风机		4	8～10	5400	5	100	1000	1	820	211	4.00	2.52
991204010	鼓风机		8	8～10	4800	5	100	1000	1	740	211	4.00	2.42
991204020			18	8～10	15800	5	100	1000	1	2410	211	4.00	2.42
991204030			50	8～10	29300	5	100	1000	1	4470	211	4.00	2.42
991204040			129	8～10	38600	5	100	1000	1	5910	211	4.00	2.42
991204050			700	8～10	375400	5	100	1000	1	57410	211	4.00	2.42

续表

编码	机械名称	性能规格		折旧年限	预算价格	残值率	年工作台班	耐用总台班	检修次数	一次检修费	一次安拆费及场外运费	年平均安拆次数	K 值
				年	元	%	台班	台班	次	元	元	次	
991205010	反吸式除尘机	D2 - FX1		8 ~ 10	33400	5	150	1200	1	5110	211	4.00	1.13
991206010	组合烘箱			8 ~ 10	24400	5	150	1200	1	3730	211	4.00	1.03
991207010	箱式加热炉	功率(kW)	45	8 ~ 10	16700	5	125	1000	1	850	211	4.00	1.06
991207020			50	8 ~ 10	27200	5	125	1000	1	1380	211	4.00	1.06
991207030			75	8 ~ 10	25400	5	125	1000	1	1290	211	4.00	1.06
991208010	硅整流充电机	90A/190V		8 ~ 10	12900	5	150	1500	1	660	211	4.00	3.16
991209010	真空滤油机	能力(L/h)	6000	8 ~ 10	177200	5	100	800	1	9030	211	4.00	3.2
991210010	潜水设备			8 ~ 10	26400	5	120	960	1	4040	211	4.00	14.00
991211010	潜水减压仓			8 ~ 10	157300	5	180	1440	1	24050	478	4.00	3.23
991212010	通井机	功率(kW)	66	10 ~ 14	201100	5	200	2250	2	24600			2.70
991213010	高压压风机车		300	10 ~ 14	581600	5	170	2250	2	71150			2.80
991214010	井点降水钻机			10 ~ 14	2900	5	120	1200	2	550	211	4.00	2.41

附录 B　施工机械台班参考单价

说　　明

一、《施工机械台班参考单价》(以下简称参考单价)是按照《建设工程施工机械台班费用编制规则》的规定和附录 A 施工机械基础数据以及相关施工机械技术基础数据进行修编的。参考单价可作为确定建设工程施工机械台班单价的参考。

二、参考单价包括:土石方及筑路机械、桩工机械、起重机械、水平运输机械、垂直运输机械、混凝土及砂浆机械、加工机械、泵类机械、焊接机械、动力机械、地下工程机械和其他机械共计 12 类 953 个项目及单独计算的费用。

三、参考单价选用当前技术先进的国产和进口施工机械设置项目。

四、参考单价收列价值在 2000 元(含)以上、使用期限超过一年的施工机械。

五、参考单价每台班是按八小时工作制计算的。

六、参考单价由折旧费、检修费、维护费、安拆费及场外运费、燃料动力费、人工费和其他费组成。

七、参考单价所用的基础数据根据《建设工程施工机械台班费用编制规则》和有关数据资料确定。

1. 机械原值是通过编制期全国施工机械展销会厂商报价、《机电产品报价手册》、全国有关机械生产厂家函调价格、施工企业提供的机械购入账面实际价格及其他相关单位提供的基础材料等综合确定的。

2. 计入台班的安拆费及场外运费是根据不同机械型号、质量、体积进行分类,并按测定的人工、材料、机械的消耗量计算出的费用。

八、参考单价的人工单价按照住房城乡建设部建标造〔2013〕47 号文件的要求综合确定。

九、参考单价人工费计算中年制度工作日是按现行劳动制度 250 日计算的。

十、参考单价的燃料动力单价采用北京市 2013 年价格:汽油 7.56 元/kg,柴油 8.98 元/kg,煤 0.76 元/kg,电 0.98 元/(kW·h),水 6.21 元/m^3,木柴 0.18 元/kg。

十一、参考单价中未包括其他费。

十二、参考单价的盾构掘进机械台班费中未包括安拆费及场外运费、燃料动力费和人工费。

十三、参考单价的顶管设备台班单价中未包括人工费。

十四、燃油消耗量已包括加油及油料过滤损耗,电消耗量已包括由变电所或配电车间至机械之间线路的电力损失。

十五、有关单独计算费用的说明:

1. 单独计算的费用包括:塔式起重机及施工电梯基础、部分施工机械的安拆费及场外运费。

2. 塔式起重机基础及轨道安拆费用中轨道以直线形为准,如铺设弧线形,乘以系数 1.15。

3. 固定式基础适用于混凝土体积在 10m^3 以内的塔式起重机基础或施工电梯基础。

4. 塔式起重机及施工电梯基础未包括打桩。

5. 轨道和枕木之间增加其他型钢或钢板的轨道、自升式塔式起重机行走轨道、不带配重的自升塔式起重机固定式基础、混凝土搅拌站的基础另按实际考虑。

6. 安拆费用是安装、拆卸的一次性费用，未包括地基加固的处理费用。

7. 安拆费中已包括机械安装后的试运转费用。

8. 安拆费中自升式塔式起重机安拆费是以塔高 45m 确定，如塔高超过 45m 且檐高在 200m 以内，塔高每增高 10m 费用增加 10%，尾数不足 10m 按 10m 计算。

9. 场外运费已包括机械的回程费用。

10. 场外运费为运距 30km 以内的机械进出场费用。

一、土石方及筑路机械

编码	机械名称	性能规格		台班单价	费用组成							人工及燃料动力用量						
					折旧费	检修费	维护费	安拆费及场外运费	人工费	燃料动力费	其他费	人工	汽油	柴油	电	煤	木柴	水
				元	元	元	元	元	元	元	元	工日	kg	kg	kW·h	kg	kg	m^3
												103.63	7.56	8.98	0.98	0.76	0.18	6.21
990101005	履带式推土机	功率(kW)	50	653.42	30.23	12.34	32.08		259.08	319.69		2.00		35.60				
990101010			60	732.41	34.24	13.96	36.30		259.08	388.83		2.00		43.30				
990101015			75	998.08	93.86	38.27	99.50		259.08	507.37		2.00		56.50				
990101020			90	1095.74	124.30	50.68	131.77		259.08	529.91		2.00		59.01				
990101025			105	1156.02	142.20	57.99	150.77		259.08	545.98		2.00		60.80				
990101030			120	1287.69	181.34	73.96	192.30		259.08	581.01		2.00		64.70				
990101035			135	1355.40	201.15	82.03	213.28		259.08	599.86		2.00		66.80				
990101040			165	1702.85	281.16	114.66	298.12		259.08	749.83		2.00		83.50				
990101045			240	2203.80	383.25	156.28	314.12		259.08	1091.07		2.00		121.50				
990101050			320	2736.83	473.14	192.93	356.92		259.08	1454.76		2.00		162.00				
990102010	湿地推土机		105	1156.23	160.49	55.11	135.57		259.08	545.98		2.00		60.80				
990102020			135	1419.26	256.08	87.93	216.31		259.08	599.86		2.00		66.80				
990102030			165	1705.02	318.14	109.24	268.73		259.08	749.83		2.00		83.50				
990103010	履带式松土机	松土深度(mm)	500	1108.56	120.79	38.89	112.00	114.66	370.11	352.11		2.00		39.21				
990103020			1000	1262.62	128.90	41.49	119.49	114.66	370.11	487.97		2.00		54.34				
990104010	履带式除根机	清除宽度(mm)	1500	1121.40	62.62	20.16	58.06	114.66	370.11	495.79		2.00		55.21				
990105010	履带式除荆机		4000	1093.13	97.84	31.50	90.72	114.66	370.11	388.30		2.00		43.24				

续表

编码	机械名称	性能规格		台班单价	费用组成							人工及燃料动力用量						
					折旧费	检修费	维护费	安拆费及场外运费	人工费	燃料动力费	其他费	人工	汽油	柴油	电	煤	木柴	水
				元	元	元	元	元	元	元	元	工日	kg	kg	kW·h	kg	kg	m^3
												103.63	7.56	8.98	0.98	0.76	0.18	6.21
990106010	履带式单斗液压挖掘机	斗容量（m^3）	0.6	890.63	192.93	49.30	110.43		235.52	302.45		2.00		33.68				
990106020	履带式单斗液压挖掘机	斗容量（m^3）	0.8	1186.73	234.30	85.48	180.36		235.52	451.07		2.00		50.23				
990106030	履带式单斗液压挖掘机	斗容量（m^3）	1	1324.07	244.90	89.36	188.55		235.52	565.74		2.00		63.00				
990106040	履带式单斗液压挖掘机	斗容量（m^3）	1.25	1563.87	293.14	106.95	225.66		235.52	702.60		2.00		78.24				
990106050	履带式单斗液压挖掘机	斗容量（m^3）	1.6	1662.49	326.18	119.00	251.09		235.52	730.70		2.00		81.37				
990106060	履带式单斗液压挖掘机	斗容量（m^3）	1.8	1719.97	345.73	126.14	266.16		235.52	746.42		2.00		83.12				
990106070	履带式单斗液压挖掘机	斗容量（m^3）	2	1745.10	348.37	127.11	268.20		235.52	765.90		2.00		85.29				
990106080	履带式单斗液压挖掘机	斗容量（m^3）	2.5	1883.52	366.32	133.65	282.00		235.52	866.03		2.00		96.44				
990106090	履带式单斗液压挖掘机	斗容量（m^3）	3	2062.58	438.01	159.80	337.18		235.52	892.07		2.00		99.34				
990107010	履带式单斗机械挖掘机	斗容量（m^3）	1	1204.39	222.17	81.06	225.35		235.52	440.29		2.00		49.03				
990107020	履带式单斗机械挖掘机	斗容量（m^3）	1.5	1484.16	237.45	94.80	263.54		235.52	652.85		2.00		72.70				
990108010	轮胎式单斗液压挖掘机	斗容量（m^3）	0.2	508.51	51.79	21.12	56.18		107.95	271.47		1.00		30.23				
990108020	轮胎式单斗液压挖掘机	斗容量（m^3）	0.4	536.91	61.07	24.90	66.23		107.95	276.76		1.00		30.82				
990108030	轮胎式单斗液压挖掘机	斗容量（m^3）	0.6	550.15	64.85	26.45	70.36		107.95	280.54		1.00		31.24				
990109010	挖掘装载机	斗容量（m^3）	0.3	643.26	95.64	30.77	81.85		107.95	327.05		1.00		36.42				
990109020	挖掘装载机	斗容量（m^3）	0.35	742.77	132.84	42.79	113.82		107.95	345.37		1.00		38.46				

续表

编码	机械名称	性能规格		台班单价	费用组成							人工及燃料动力用量						
					折旧费	检修费	维护费	安拆费及场外运费	人工费	燃料动力费	其他费	人工	汽油	柴油	电	煤	木柴	水
				元	元	元	元	元	元	元	元	工日	kg	kg	kW·h	kg	kg	m^3
												103.63	7.56	8.98	0.98	0.76	0.18	6.21
990110010	轮胎式装载机	斗容量（m^3）	0.5	611.93	34.27	11.02	39.23		107.95	419.46		1.00		46.71				
990110020			1	671.63	36.53	11.76	41.87		107.95	473.52		1.00		52.73				
990110030			1.5	798.22	65.93	21.22	75.54		107.95	527.58		1.00		58.75				
990110040			2	897.55	74.78	28.32	100.82		107.95	585.68		1.00		65.22				
990110050			2.5	1009.90	92.16	29.67	105.63		107.95	674.49		1.00		75.11				
990110060			3	1296.09	134.09	43.16	153.65		215.90	749.29		2.00		83.44				
990110070			3.5	1395.24	141.12	45.42	161.70		215.90	831.10		2.00		92.55				
990110080			5	1636.77	166.74	53.66	191.03		215.90	1009.44		2.00		112.41				
990111010	自行式铲运机		3	981.06	129.00	41.05	110.01		323.84	377.16		2.00		42.00				
990111020			4	1135.94	185.03	58.88	157.80		323.84	410.39		2.00		45.70				
990111030			6	1211.77	196.33	62.19	166.67		323.84	462.74		2.00		51.53				
990111040			7	1254.39	201.91	63.96	171.41		323.84	493.27		2.00		54.93				
990111050			8	1296.72	206.92	65.56	175.70		323.84	524.70		2.00		58.43				
990111060			10	1374.11	212.19	68.32	183.10		323.84	586.66		2.00		65.33				
990111070			12	1501.72	253.43	81.59	218.66		323.84	624.20		2.00		69.51				
990111080			16	1773.70	304.41	97.99	262.61		323.84	784.85		2.00		87.40				
990112010	拖式铲运机		3	710.16	24.32	10.95	36.03		323.84	315.02		2.00		35.08				
990112020			7	1086.73	79.34	35.75	117.62		323.84	530.18		2.00		59.04				
990112030			10	1229.26	97.58	43.98	144.69		323.84	619.17		2.00		68.95				
990112040			12	1325.75	112.43	50.68	166.74		323.84	672.06		2.00		74.84				

续表

编码	机械名称	性能规格		台班单价	费用组成							人工及燃料动力用量						
					折旧费	检修费	维护费	安拆费及场外运费	人工费	燃料动力费	其他费	人工	汽油	柴油	电	煤	木柴	水
				元	元	元	元	元	元	元	元	工日	kg	kg	kW·h	kg	kg	m^3
												103.63	7.56	8.98	0.98	0.76	0.18	6.21
990113010	平地机	功率（kW）	75	731.53	106.95	34.43	118.78		259.08	212.29		2.00		23.64				
990113020			90	852.38	113.07	36.40	125.58		259.08	318.25		2.00		35.44				
990113030			120	1117.71	150.06	48.30	166.64		259.08	493.63		2.00		54.97				
990113040			132	1215.07	169.18	54.46	187.89		259.08	544.46		2.00		60.63				
990113050			150	1352.56	198.53	63.91	220.49		259.08	610.55		2.00		67.99				
990113060			180	1583.96	242.95	78.20	269.79		259.08	733.94		2.00		81.73				
990113070			220	1865.29	300.07	96.60	333.27		259.08	876.27		2.00		97.58				
990114010	履带式拖拉机		50	647.38	26.60	8.00	21.44		259.08	332.26		2.00		37.00				
990114020			60	713.22	28.46	8.55	22.91		259.08	394.22		2.00		43.90				
990114030			75	925.46	59.03	32.44	86.94		259.08	487.97		2.00		54.34				
990114040			90	1079.89	109.40	49.32	132.18		259.08	529.91		2.00		59.01				
990114050			105	1154.26	115.48	52.04	139.47		259.08	588.19		2.00		65.50				
990114060			120	1287.55	133.51	60.18	161.28		259.08	673.50		2.00		75.00				
990114070			135	1348.63	137.18	61.82	165.68		259.08	724.87		2.00		80.72				
990114080			165	1551.17	193.84	87.36	234.12		259.08	776.77		2.00		86.50				
990115010	手扶式拖拉机		9	236.01	7.13	2.29	4.83		129.54	92.22		1.00		10.27				
990116010	轮胎式拖拉机		21	321.26	17.28	5.56	11.73		129.54	157.15		1.00		17.50				
990116020			41	498.83	31.07	10.00	21.10		129.54	307.12		1.00		34.20				
990116030			75	712.36	56.08	18.04	38.06		129.54	470.64		1.00		52.41				

续表

编码	机械名称	性能规格		台班单价	费用组成							人工及燃料动力用量						
					折旧费	检修费	维护费	安拆费及场外运费	人工费	燃料动力费	其他费	人工	汽油	柴油	电	煤	木柴	水
				元	元	元	元	元	元	元	元	工日	kg	kg	kW·h	kg	kg	m^3
												103.63	7.56	8.98	0.98	0.76	0.18	6.21
990117010	拖式单筒羊角碾	工作质量(t)	3	19.66	4.90	0.76	4.44	9.56										
990118010	拖式双筒羊角碾		6	32.75	8.89	1.10	6.42	16.34										
990119010	手扶式振动压实机		1	83.19	15.20	2.28	8.80	5.63		51.28				5.71				
990120010	钢轮内燃压路机		6	362.83	54.64	16.41	52.68		129.54	109.56		1.00		12.20				
990120020			8	437.25	57.42	17.24	55.34		129.54	177.71		1.00		19.79				
990120030			12	590.67	76.38	22.94	73.64		129.54	288.17		1.00		32.09				
990120040			15	717.74	89.43	26.86	86.22		129.54	385.69		1.00		42.95				
990120050			18	1077.95	98.67	29.64	95.14		129.54	724.96		1.00		80.73				
990120060			20	1234.63	121.30	36.44	116.97		129.54	830.38		1.00		92.47				
990120070			25	1370.95	154.15	46.32	148.69		129.54	892.25		1.00		99.36				
990121010	轮胎压路机		9	490.76	36.73	11.04	44.05		129.54	269.40		1.00		30.00				
990121020			16	806.40	106.99	32.14	128.24		129.54	409.49		1.00		45.60				
990121030			20	968.97	124.81	37.50	149.63		129.54	527.49		1.00		58.74				
990121040			26	1105.23	141.36	42.47	169.46		129.54	622.40		1.00		69.31				
990121050			30	1264.15	172.22	51.74	206.44		129.54	704.21		1.00		78.42				
990122010	钢轮振动压路机		6	448.22	58.00	23.66	72.87		129.54	164.15		1.00		18.28				
990122020			8	633.87	81.97	33.42	102.93		129.54	286.01		1.00		31.85				
990122030			10	770.35	87.40	35.65	109.80		129.54	407.96		1.00		45.43				
990122040			12	950.37	109.25	44.55	137.21		129.54	529.82		1.00		59.00				
990122050			15	1284.31	142.59	58.14	179.07		129.54	774.97		1.00		86.30				
990122060			18	1491.63	151.77	61.89	190.62		129.54	957.81		1.00		106.66				
990122070			25	1919.37	300.65	84.59	260.54		129.54	1144.05		1.00		127.40				

续表

编码	机械名称	性能规格		台班单价	费用组成							人工及燃料动力用量						
					折旧费	检修费	维护费	安拆费及场外运费	人工费	燃料动力费	其他费	人工	汽油	柴油	电	煤	木柴	水
				元	元	元	元	元	元	元	元	工日	kg	kg	kW·h	kg	kg	m^3
												103.63	7.56	8.98	0.98	0.76	0.18	6.21
990123010	电动夯实机	夯击能量（N·m）	250	32.17	4.13	0.84	3.90	7.03		16.27					16.60			
990124010	内燃夯实机		700	35.45	4.88	0.99	4.59	7.03		17.96				2.00				
990125010	振动平板夯	激振力（kN）	20	40.77	7.38	1.51	7.01	7.03		17.84					18.20			
990126010	振动冲击夯		30	43.83	12.00	2.45	11.37	7.03		10.98					11.20			
990127010	强夯机械	夯击能量（kN·m）	1200	985.35	329.75	31.32	71.10		259.08	294.10		2.00		32.75				
990127020			2000	1323.20	467.07	65.16	147.91		259.08	383.98		2.00		42.76				
990127030			3000	1674.17	630.94	88.02	199.81		259.08	496.32		2.00		55.27				
990127040			4000	1923.60	722.38	100.77	228.75		259.08	612.62		2.00		68.22				
990127050			5000	2172.48	811.78	113.24	257.05		259.08	731.33		2.00		81.44				
990128010	气腿式风动凿岩机			15.42	4.12	0.88	6.20	4.22										
990129010	手持式风动凿岩机			13.00	3.06	0.71	5.01	4.22										
990130010	手持式内燃凿岩机	凿孔深度（mm）	6	134.74	5.82	1.19	8.57	4.22		114.94				12.80				
990131010	轮胎式凿岩台车			385.76	71.39	2.91	5.44	18.16	287.86			2.00						
990132010	履带式凿岩台车			528.66	105.54	43.05	74.05	18.16	287.86			2.00						

续表

编码	机械名称	性能规格		台班单价	费用组成							人工及燃料动力用量						
					折旧费	检修费	维护费	安拆费及场外运费	人工费	燃料动力费	其他费	人工	汽油	柴油	电	煤	木柴	水
				元	元	元	元	元	元	元	元	工日	kg	kg	kW·h	kg	kg	m^3
												103.63	7.56	8.98	0.98	0.76	0.18	6.21
990133010	锚杆钻孔机	锚杆直径（mm）	25	1662.93	552.31	118.53	212.17		259.08	520.84		2.00		58.00				
990133020	锚杆钻孔机	锚杆直径（mm）	32	2258.41	858.93	184.34	329.97		259.08	626.09		2.00		69.72				
990134010	气动装岩机	斗容量（m^3）	0.12	347.59	18.50	7.54	15.53	18.16	287.86			2.00						
990135010	电动装岩机	斗容量（m^3）	0.2	418.76	24.61	10.03	17.05	18.16	287.86	61.05		2.00			62.30			
990135020	电动装岩机	斗容量（m^3）	0.4	462.85	25.51	10.41	17.70	18.16	287.86	103.21		2.00			105.32			
990135030	电动装岩机	斗容量（m^3）	0.5	490.64	30.40	12.39	21.06	18.16	287.86	120.77		2.00			123.23			
990135040	电动装岩机	斗容量（m^3）	0.6	525.69	35.38	14.42	24.51	18.16	287.86	145.36		2.00			148.33			
990136010	立爪扒渣机			959.03	218.14	70.22	160.80	10.62	287.86	211.39		2.00			215.70			
990137010	梭式矿车	装载容量（m^3）	8	823.94	52.95	17.05	15.69	10.62	143.93	583.70		1.00		65.00				
990138010	稳定土拌合机	功率（kW）	90	1002.02	89.98	34.76	88.29		259.08	529.91		2.00		59.01				
990138020	稳定土拌合机	功率（kW）	105	1045.46	106.82	41.26	104.80		259.08	533.50		2.00		59.41				
990138030	稳定土拌合机	功率（kW）	135	1279.39	202.58	78.26	198.78		259.08	540.69		2.00		60.21				
990138040	稳定土拌合机	功率（kW）	230	1357.52	228.21	88.17	223.95		259.08	558.11		2.00		62.15				
990139010	车载式碎石撒布机	撒布宽度（mm）	3000	452.48	27.55	4.43	13.64		161.92	244.94		1.00	32.40					
990140010	汽车式沥青喷洒机	箱容量（L）	4000	755.89	127.85	49.39	83.47		259.08	236.10		1.00	31.23					
990140020	汽车式沥青喷洒机	箱容量（L）	7500	1099.63	224.37	95.43	161.28		259.08	359.47		1.00		40.03				

续表

编码	机械名称	性能规格		台班单价	费用组成							人工及燃料动力用量						
					折旧费	检修费	维护费	安拆费及场外运费	人工费	燃料动力费	其他费	人工	汽油	柴油	电	煤	木柴	水
				元	元	元	元	元	元	元	元	工日	kg	kg	kW·h	kg	kg	m^3
												103.63	7.56	8.98	0.98	0.76	0.18	6.21
990141010	沥青混凝土拌合站	生产率（t/h）	10	1971.88	54.21	20.95	53.21		259.08	1584.43		2.00		176.44				
990141020			15	2331.30	121.35	46.87	119.05		259.08	1784.95		2.00		198.77				
990141030			20	2599.01	140.90	54.44	138.28		259.08	2006.31		2.00		223.42				
990141040			30	3068.79	167.45	64.68	164.29		259.08	2413.29		2.00		268.74				
990141050			60	4396.82	292.26	112.90	286.77		259.08	3445.81		2.00		383.72				
990141060			100	5038.75	372.27	143.81	365.28		259.08	3898.31		2.00		434.11				
990141070			150	7483.28	542.30	209.50	532.13		259.08	5940.27		2.00		661.50				
990142010	沥青混凝土摊铺机	装载质量（t）	4	783.82	85.45	37.33	73.54		345.43	242.07		2.00	32.02					
990142020			6	927.07	133.74	58.74	115.72		345.43	273.44		2.00		30.45				
990142030			8	1271.26	178.02	72.60	143.02		518.15	359.47		3.00		40.03				
990142040			12	1590.81	232.64	101.30	199.56		518.15	539.16		3.00		60.04				
990142050			13	2047.48	369.13	192.84	379.89		518.15	587.47		3.00		65.42				
990142060			14	2490.51	504.45	281.51	554.57		518.15	631.83		3.00		70.36				
990142070			15	3182.30	690.39	434.47	855.91		518.15	683.38		3.00		76.10				
990143010	路面铣刨机	宽度（mm）	300	750.36	60.66	11.72	36.10	31.71	143.93	466.24		1.00		51.92				
990143020			350	968.40	176.13	34.02	104.78	31.71	143.93	477.83		1.00		53.21				
990143030			500	1061.20	207.96	40.07	123.42	31.71	143.93	514.11		1.00		57.25				
990143040			1000	1200.73	276.45	53.39	164.44	31.71	143.93	530.81		1.00		59.11				
990143050			2000	3105.26	1320.98	255.15	785.86	31.71	143.93	567.63		1.00		63.21				

续表

编码	机械名称	性能规格		台班单价	费用组成							人工及燃料动力用量						
					折旧费	检修费	维护费	安拆费及场外运费	人工费	燃料动力费	其他费	人工	汽油	柴油	电	煤	木柴	水
				元	元	元	元	元	元	元	元	工日	kg	kg	kW·h	kg	kg	m^3
												103.63	7.56	8.98	0.98	0.76	0.18	6.21
990144010	电动路面铣刨机	功率(kW)	7.5	277.20	15.68	3.02	9.30	18.16	143.93	87.11		1.00		9.70				
990145010	路面再生机	宽度×深度(mm)	2300×400	1392.89	532.06	51.39	158.28		323.84	327.32		2.00		36.45				
990146010	汽车式路面划线机	喷涂宽度(mm)	450	494.78	67.61	21.77	36.79		143.93	224.68		1.00	29.72					
990147010	颚式破碎机	进料口(mm)	250×400	275.45	22.27	2.15	29.13		161.92	59.98		1.00			61.20			
990147020			250×500	309.71	32.12	3.10	42.01		161.92	70.56		1.00			72.00			
990147030			400×600	386.15	50.88	4.64	62.87		161.92	105.84		1.00			108.00			
990147040			500×750	554.66	82.59	7.98	108.13		161.92	194.04		1.00			198.00			
990147050			600×900	720.14	114.77	11.08	150.13		161.92	282.24		1.00			288.00			
990148010	移动式颚式破碎机		250×440	396.46	23.57	2.28	30.89		161.92	177.80		1.00		19.80				
990149010	履带式液压岩石破碎机	HB20G		446.10	137.87	13.32	35.43	35.68	161.92	61.88		1.00			63.14			
990149020		HB30G		483.67	156.81	15.14	40.27	35.68	161.92	73.85		1.00			75.36			
990149030		HB40G		508.39	168.68	16.29	43.33	35.68	161.92	82.49		1.00			84.17			

二、桩 工 机 械

编码	机械名称	性能规格		台班单价	费用组成							人工及燃料动力用量						
					折旧费	检修费	维护费	安拆费及场外运费	人工费	燃料动力费	其他费	人工	汽油	柴油	电	煤	木柴	水
				元	元	元	元	元	元	元	元	工日	kg	kg	kW·h	kg	kg	m^3
												103.63	7.56	8.98	0.98	0.76	0.18	6.21
990201010	履带式柴油打桩机	冲击质量（t）	2.5	989.60	284.75	27.50	53.63		225.28	398.44		2.00		44.37				
990201020			3.5	1266.23	480.74	43.97	85.74		225.28	430.50		2.00		47.94				
990201030			5	2127.90	1103.83	106.61	207.89		225.28	484.29		2.00		53.93				
990201040			7	2341.58	1252.49	120.96	227.40		225.28	515.45		2.00		57.40				
990201050			8	2448.91	1324.23	127.89	240.43		225.28	531.08		2.00		59.14				
990202010	轨道式柴油打桩机		0.6	367.00	38.39	7.83	17.70		225.28	77.80		2.00		7.00	15.24			
990202020			0.8	416.29	44.76	9.13	20.63		225.28	116.49		2.00		9.00	36.40			
990202030			1.2	741.41	114.32	23.30	52.66		225.28	325.85		2.00		28.80	68.60			
990202040			1.8	853.89	139.76	28.49	64.39		225.28	395.97		2.00		33.40	98.00			
990202050			2.5	1177.97	249.92	50.81	114.83		225.28	537.13		2.00		46.50	122.00			
990202060			3.5	1602.81	419.90	85.61	193.48		225.28	678.54		2.00		56.90	171.00			
990202070			4	1733.27	459.17	93.62	211.58		225.28	743.62		2.00		61.70	193.42			
990202080			5	1815.66	468.95	95.61	216.08		225.28	809.74		2.00		66.87	213.52			
990202090			7	1965.35	517.50	105.51	238.45		225.28	878.61		2.00		71.42	242.10			
990203010	步履式电动打桩机	功率（kW）	45	972.65	174.87	46.48	152.92	69.79	225.28	303.31		2.00			309.50			
990203020			60	1113.95	227.23	60.96	200.56	69.79	225.28	330.13		2.00			336.87			
990203030			90	1173.82	251.89	67.57	222.31	69.79	225.28	336.98		2.00			343.86			
990203040			200	1235.14	269.27	72.24	237.67	69.79	225.28	360.89		2.00			368.25			

续表

编码	机械名称	性能规格		台班单价	费用组成							人工及燃料动力用量						
					折旧费	检修费	维护费	安拆费及场外运费	人工费	燃料动力费	其他费	人工	汽油	柴油	电	煤	木柴	水
				元	元	元	元	元	元	元	元	工日	kg	kg	kW·h	kg	kg	m^3
												103.63	7.56	8.98	0.98	0.76	0.18	6.21
990204010	重锤打桩机	冲击质量(t)	0.6	424.85	103.13	4.43	8.64	69.79	112.64	126.22		1.00			128.80			
990205010	振动沉拔桩机	激振力(kN)	300	980.95	249.32	10.70	58.74	89.18	287.86	285.15		2.00		17.43	131.25			
990205020			400	1190.74	317.83	13.64	74.88	89.18	287.86	407.35		2.00		24.90	187.50			
990205030			500	1420.39	417.74	17.93	98.44	89.18	287.86	509.24		2.00		31.13	234.38			
990205040			600	1582.03	464.55	19.94	109.47	89.18	287.86	611.03		2.00		37.35	281.25			
990206005	静力压桩机	压力(kN)	900	1256.08	350.82	112.94	414.49		287.86	89.97		2.00			91.81			
990206010			1200	1561.48	460.50	148.25	544.08		287.86	120.79		2.00			123.25			
990206015			1600	2048.14	616.12	198.33	815.14		287.86	130.69		2.00			133.36			
990206020			2000	3230.52	848.53	273.16	1122.69		287.86	698.28		2.00		77.76				
990206025			3000	3797.50	1037.45	333.98	1372.66		287.86	765.55		2.00		85.25				
990206030			4000	4178.30	1146.19	367.89	1512.03		287.86	864.33		2.00		96.25				
990206035			5000	4261.97	1155.34	371.93	1528.63		287.86	918.21		2.00		102.25				
990206040			6000	4383.66	1177.58	379.09	1558.06		287.86	981.07		2.00		109.25				
990206045			8000	4517.55	1214.78	391.07	1607.30		287.86	1016.54		2.00		113.20				
990206050			10000	4716.75	1247.67	401.65	1650.78		287.86	1128.79		2.00		125.70				

续表

编码	机械名称	性能规格		台班单价	费用组成							人工及燃料动力用量						
					折旧费	检修费	维护费	安拆费及场外运费	人工费	燃料动力费	其他费	人工	汽油	柴油	电	煤	木柴	水
				元	元	元	元	元	元	元	元	工日	kg	kg	kW·h	kg	kg	m^3
												103.63	7.56	8.98	0.98	0.76	0.18	6.21
990207010	汽车式钻机	孔径（mm）	400	867.13	86.34	22.24	61.16		259.08	438.31		2.00	47.40		81.60			
990207020			1000	1056.24	141.53	36.44	100.21		259.08	518.98		2.00		48.80	82.40			
990207030			2000	1352.85	167.75	43.20	118.80		259.08	764.02		2.00		76.00	83.20			
990208010	潜水钻机		800	637.87	54.72	17.62	47.40	80.26	259.08	178.79		2.00			182.44			
990208020			1250	660.76	64.64	20.81	55.98	80.26	259.08	179.99		2.00			183.66			
990208030			1500	781.03	103.82	33.42	89.90	80.26	259.08	214.55		2.00			218.93			
990208040			2500	930.84	141.53	45.56	122.56	80.26	259.08	281.85		2.00			287.60			
990209010	回旋钻机		500	583.80	92.77	9.96	20.72	80.26	259.08	121.01		2.00			123.48			
990209020			800	658.75	135.28	14.52	30.20	80.26	259.08	139.41		2.00			142.25			
990209030			1000	688.26	141.65	15.20	31.62	80.26	259.08	160.45		2.00			163.72			
990209040			1500	718.94	144.83	15.54	32.32	80.26	259.08	186.91		2.00			190.72			
990209050			2000	788.89	173.47	18.62	38.73	80.26	259.08	218.73		2.00			223.19			
990209060			2500	834.57	184.92	19.85	41.29	80.26	259.08	249.17		2.00			254.26			

续表

编码	机械名称	性能规格		台班单价	费用组成							人工及燃料动力用量						
					折旧费	检修费	维护费	安拆费及场外运费	人工费	燃料动力费	其他费	人工	汽油	柴油	电	煤	木柴	水
				元	元	元	元	元	元	元	元	工日	kg	kg	kW·h	kg	kg	m^3
												103.63	7.56	8.98	0.98	0.76	0.18	6.21
990210010	螺旋钻机	孔径（mm）	400	611.62	115.28	4.95	31.04	80.26	259.08	121.01		2.00			123.48			
990210020			600	689.41	131.43	5.64	35.36	80.26	259.08	177.64		2.00			181.27			
990210030			800	813.97	209.62	9.00	56.43	80.26	259.08	199.58		2.00			203.65			
990210040			1200	1171.84	453.72	19.48	122.14	80.26	259.08	237.16		2.00			242.00			
990211010	冲击成孔机		700	489.57	71.95	15.44	31.03	80.26	259.08	31.81		2.00			32.46			
990211020			1000	532.14	93.31	20.03	40.26	80.26	259.08	39.20		2.00			40.00			
990212010	履带式旋挖钻机		800	2207.12	447.94	72.10	149.97		259.08	1278.03		2.00		142.32				
990212020			1000	2355.78	521.87	84.00	174.72		259.08	1316.11		2.00		146.56				
990212030			1200	2662.95	687.12	110.60	230.05		259.08	1376.10		2.00		153.24				
990212040			1500	3165.75	956.76	154.00	320.32		259.08	1475.59		2.00		164.32				
990212050			1800	3722.33	1304.67	210.00	436.80		259.08	1511.78		2.00		168.35				
990212060			2000	4083.22	1522.11	245.00	509.60		259.08	1547.43		2.00		172.32				
990213010	粉喷桩机			582.11	115.27	9.89	19.88	80.26	259.08	97.73		2.00			99.72			
990214010	旋喷桩机	孔径（mm）	600	567.44	93.52	4.01	8.34	80.26	259.08	122.23		2.00			124.72			
990214020			800	598.38	107.41	4.61	9.59	80.26	259.08	137.43		2.00			140.23			
990214030			1200	607.97	113.96	4.89	10.17	80.26	259.08	139.61		2.00			142.46			
990215010	三轴搅拌桩机	轴径（mm）	650	589.71	172.65	14.82	42.83		235.52	123.89		2.00			126.42			
990215020			850	784.46	296.61	25.46	73.58		235.52	153.29		2.00			156.42			

续表

编码	机械名称	性能规格		台班单价	费用组成							人工及燃料动力用量						
					折旧费	检修费	维护费	安拆费及场外运费	人工费	燃料动力费	其他费	人工	汽油	柴油	电	煤	木柴	水
				元	元	元	元	元	元	元	元	工日	kg	kg	kW·h	kg	kg	m^3
												103.63	7.56	8.98	0.98	0.76	0.18	6.21
990216010	袋装砂井机不带门架	功率(kW)	7.5	464.72	62.13	6.67	18.14	28.54	259.08	90.16		2.00			92.00			
990217010	袋装砂井机带门架		20	554.48	80.75	8.67	23.58	28.54	259.08	153.86		2.00			157.00			
990218010	气动灌浆机			11.85	3.72	0.40	2.10	5.63										
990219010	电动灌浆机			30.30	5.23	0.57	2.99	5.63		15.88					16.20			

三、起 重 机 械

编码	机械名称	性能规格		台班单价	费用组成							人工及燃料动力用量						
					折旧费	检修费	维护费	安拆费及场外运费	人工费	燃料动力费	其他费	人工	汽油	柴油	电	煤	木柴	水
				元	元	元	元	元	元	元	元	工日	kg	kg	kW·h	kg	kg	m^3
												103.63	7.56	8.98	0.98	0.76	0.18	6.21
990301010	履带式电动起重机	提升质量(t)	3	214.74	50.37	2.70	6.35		115.14	40.18		1.00			41.00			
990301020			5	234.86	51.64	2.77	6.51		115.14	58.80		1.00			60.00			
990301030			40	1276.90	546.23	29.31	68.88		230.29	402.19		2.00			410.40			
990301040			50	1352.37	559.70	30.03	70.57		230.29	461.78		2.00			471.20			
990302005	履带式起重机		5	522.31	80.26	16.32	30.03		230.29	165.41		2.00		18.42				
990302010			10	665.35	141.53	28.86	53.10		230.29	211.57		2.00		23.56				
990302015			15	811.06	199.92	40.76	75.00		230.29	265.09		2.00		29.52				
990302020			20	835.04	208.11	42.43	78.07		230.29	276.14		2.00		30.75				
990302025			25	898.18	212.67	43.36	79.78		230.29	332.08		2.00		36.98				
990302030			30	1033.70	272.16	55.49	102.10		230.29	373.66		2.00		41.61				
990302035			40	1459.67	537.11	109.50	201.48		230.29	381.29		2.00		42.46				
990302040			50	1601.48	617.96	126.00	231.84		230.29	395.39		2.00		44.03				
990302045			60	1704.53	665.38	135.66	249.61		230.29	423.59		2.00		47.17				
990302050			70	1962.16	793.48	161.38	296.94		230.29	480.07		2.00		53.46				
990302055			80	2582.91	1135.06	230.84	424.75		230.29	561.97		2.00		62.58				
990302060			90	3053.05	1413.39	287.44	528.89		230.29	593.04		2.00		66.04				
990302065			100	3277.89	1530.81	311.32	572.83		230.29	632.64		2.00		70.45				
990302070			140	4495.39	2291.86	466.10	857.62		230.29	649.52		2.00		72.33				
990302075			150	4654.05	2374.49	482.91	888.55		230.29	677.81		2.00		75.48				
990302080			200	5803.00	3031.18	616.46	1134.29		230.29	790.78		2.00		88.06				
990302085			250	6931.35	3674.81	747.36	1375.14		230.29	903.75		2.00		100.64				
990302090			300	7682.36	4079.26	829.61	1526.48		230.29	1016.72		2.00		113.22				

续表

编码	机械名称	性能规格		台班单价	费用组成							人工及燃料动力用量						
					折旧费	检修费	维护费	安拆费及场外运费	人工费	燃料动力费	其他费	人工	汽油	柴油	电	煤	木柴	水
				元	元	元	元	元	元	元	元	工日	kg	kg	kW·h	kg	kg	m^3
												103.63	7.56	8.98	0.98	0.76	0.18	6.21
990303010	轮胎式起重机	提升质量(t)	8	685.79	89.71	25.03	76.34		207.26	287.45		2.00		32.01				
990303020			16	865.17	156.09	43.55	132.83		207.26	325.44		2.00		36.24				
990303030			20	1084.55	236.87	66.09	201.57		207.26	372.76		2.00		41.51				
990303040			25	1142.31	243.96	68.07	207.61		207.26	415.41		2.00		46.26				
990303050			40	1434.01	311.35	86.87	264.95		207.26	563.58		2.00		62.76				
990303060			50	1738.24	444.89	124.58	379.97		207.26	581.54		2.00		64.76				
990303070			60	1927.97	518.61	145.22	442.92		207.26	613.96		2.00		68.37				
990304004	汽车式起重机		8	780.19	111.51	50.26	104.04		259.08	255.30		2.00		28.43				
990304008			10	862.63	142.54	64.11	132.71		259.08	264.19		2.00		29.42				
990304012			12	891.90	150.40	67.78	140.30		259.08	274.34		2.00		30.55				
990304016			16	1020.20	184.26	83.04	171.89		259.08	321.93		2.00		35.85				
990304020			20	1107.50	211.24	95.20	197.06		259.08	344.92		2.00		38.41				
990304024			25	1173.76	230.28	103.79	214.85		259.08	365.76		2.00		40.73				
990304028			30	1223.72	245.94	110.84	229.44		259.08	378.42		2.00		42.14				
990304032			32	1377.22	303.32	136.71	282.99		259.08	395.12		2.00		44.00				
990304036			40	1695.14	419.69	189.14	391.52		259.08	435.71		2.00		48.52				
990304040			50	2784.53	863.91	389.35	805.95		259.08	466.24		2.00		51.92				
990304044			60	3329.04	1076.79	484.21	1002.31		259.08	506.65		2.00		56.42				
990304048			70	3430.33	1106.01	497.33	1029.47		259.08	538.44		2.00		59.96				
990304052			75	3599.03	1167.32	524.91	1086.56		259.08	561.16		2.00		62.49				
990304056			80	4238.01	1428.63	642.40	1329.77		259.08	578.13		2.00		64.38				
990304060			90	4850.56	1674.32	752.89	1558.48		259.08	605.79		2.00		67.46				

续表

编码	机械名称	性能规格		台班单价	费用组成							人工及燃料动力用量						
					折旧费	检修费	维护费	安拆费及场外运费	人工费	燃料动力费	其他费	人工	汽油	柴油	电	煤	木柴	水
				元	元	元	元	元	元	元	元	工日	kg	kg	kW·h	kg	kg	m^3
												103.63	7.56	8.98	0.98	0.76	0.18	6.21
990304064	汽车式起重机	提升质量(t)	100	5360.40	1858.28	835.61	1729.71		259.08	677.72		2.00		75.47				
990304068	汽车式起重机	提升质量(t)	110	7729.01	2839.82	1276.98	2643.35		259.08	709.78		2.00		79.04				
990304072	汽车式起重机	提升质量(t)	120	8909.67	3326.90	1496.00	3096.72		259.08	730.97		2.00		81.40				
990304076	汽车式起重机	提升质量(t)	125	9362.24	3457.37	1554.67	3218.17		259.08	872.95		2.00		97.21				
990304080	汽车式起重机	提升质量(t)	150	9696.48	3583.48	1611.38	3335.56		259.08	906.98		2.00		101.00				
990304084	汽车式起重机	提升质量(t)	160	10194.67	3761.79	1691.56	3501.53		259.08	980.71		2.00		109.21				
990304088	汽车式起重机	提升质量(t)	200	11354.09	4233.66	1903.73	3940.72		259.08	1016.90		2.00		113.24				
990305010	叉式起重机	提升质量(t)	3	462.45	50.58	15.19	52.71		143.93	200.04		1.00	26.46					
990305020	叉式起重机	提升质量(t)	5	537.70	63.29	19.01	65.96		143.93	245.51		1.00		27.34				
990305030	叉式起重机	提升质量(t)	6	583.34	77.18	23.18	80.43		143.93	258.62		1.00		28.80				
990305040	叉式起重机	提升质量(t)	10	831.04	143.31	43.07	219.66		143.93	281.07		1.00		31.30				
990305050	叉式起重机	提升质量(t)	16	970.20	179.41	53.90	274.89		143.93	318.07		1.00		35.42				
990305060	叉式起重机	提升质量(t)	20	1112.18	220.17	66.15	337.37		143.93	344.56		1.00		38.37				
990306005	自升式塔式起重机	起重力矩(kN·m)	400	562.42	116.58	25.02	52.54		207.26	161.02		2.00			164.31			
990306010	自升式塔式起重机	起重力矩(kN·m)	600	589.98	131.97	28.32	59.47		207.26	162.96		2.00			166.29			
990306015	自升式塔式起重机	起重力矩(kN·m)	800	645.87	163.83	35.16	73.84		207.26	165.78		2.00			169.16			
990306020	自升式塔式起重机	起重力矩(kN·m)	1000	758.39	230.90	49.55	104.06		207.26	166.62		2.00			170.02			
990306025	自升式塔式起重机	起重力矩(kN·m)	1250	787.17	238.91	51.27	107.67		207.26	182.06		2.00			185.78			
990306030	自升式塔式起重机	起重力矩(kN·m)	1500	856.18	273.00	58.59	123.04		207.26	194.29		2.00			198.25			
990306035	自升式塔式起重机	起重力矩(kN·m)	2500	1095.81	377.01	80.91	169.91		207.26	260.72		2.00			266.04			
990306040	自升式塔式起重机	起重力矩(kN·m)	3000	1227.76	438.85	94.18	197.78		207.26	289.69		2.00			295.60			
990306045	自升式塔式起重机	起重力矩(kN·m)	4500	1720.24	664.10	142.53	299.31		310.89	303.41		3.00			309.60			
990306050	自升式塔式起重机	起重力矩(kN·m)	5000	2821.70	1319.58	283.20	594.72		310.89	313.31		3.00			319.70			

续表

编码	机械名称	性能规格		台班单价	费用组成							人工及燃料动力用量						
					折旧费	检修费	维护费	安拆费及场外运费	人工费	燃料动力费	其他费	人工	汽油	柴油	电	煤	木柴	水
				元	元	元	元	元	元	元	元	工日	kg	kg	kW·h	kg	kg	m^3
												103.63	7.56	8.98	0.98	0.76	0.18	6.21
990307010	电动单梁起重机	提升质量(t)	5	203.84	45.88	4.43	9.61		107.95	35.97		1.00			36.70			
990307020			10	258.66	79.52	7.68	16.67		107.95	46.84		1.00			47.80			
990308010	桥式起重机		5	243.57	67.13	6.49	14.08		107.95	47.92		1.00			48.90			
990308020			15	287.36	99.55	9.62	20.88		107.95	49.36		1.00			50.37			
990308030			20	384.44	188.77	10.13	21.98		107.95	55.61		1.00			56.74			
990308040			30	462.84	254.40	13.65	29.62		107.95	57.22		1.00			58.39			
990308050			50	594.84	365.47	19.61	42.55		107.95	59.26		1.00			60.47			
990308060			75	762.39	510.47	26.14	56.72		107.95	61.11		1.00			62.36			
990308070			100	1009.04	716.10	38.42	83.37		107.95	63.20		1.00			64.49			
990308080			150	1099.38	784.66	42.10	91.36		107.95	73.31		1.00			74.81			
990309010	门式起重机		5	328.21	34.59	4.45	12.10		225.28	51.79		2.00			52.85			
990309020			10	433.67	82.40	10.61	28.86		225.28	86.52		2.00			88.29			
990309030			20	660.00	177.40	22.84	31.52		225.28	202.96		2.00			207.10			
990309040			30	777.90	249.18	32.09	44.28		225.28	227.07		2.00			231.70			
990309050			40	939.90	310.33	39.96	55.14		225.28	309.19		2.00			315.50			
990309060			50	1213.99	501.74	64.61	89.16		225.28	333.20		2.00			340.00			
990309070			75	1459.70	668.66	86.10	118.82		225.28	360.84		2.00			368.20			
990310010	桅杆式起重机		5	421.96	41.52	4.45	18.69	28.54	259.08	69.68		2.00			71.10			
990310020			10	476.60	52.88	5.67	23.81	28.54	259.08	106.62		2.00			108.80			
990310030			15	570.23	65.16	6.99	29.36	28.54	259.08	181.10		2.00			184.80			
990310040			40	735.36	86.49	9.28	38.98	80.26	259.08	261.27		2.00			266.60			

续表

编码	机械名称	性能规格		台班单价	费用组成							人工及燃料动力用量						
					折旧费	检修费	维护费	安拆费及场外运费	人工费	燃料动力费	其他费	人工	汽油	柴油	电	煤	木柴	水
				元	元	元	元	元	元	元	元	工日	kg	kg	kW·h	kg	kg	m^3
												103.63	7.56	8.98	0.98	0.76	0.18	6.21
990311010	抓管机	功率（kW）	80	814.69	64.14	20.65	55.76		152.40	521.74		1.00		58.10				
990311020	抓管机	功率（kW）	120	1106.84	154.03	49.59	133.89		152.40	616.93		1.00		68.70				
990311030	抓管机	功率（kW）	160	1342.56	176.78	56.91	153.66		152.40	802.81		1.00		89.40				
990312010	吊管机	功率（kW）	75	780.63	66.63	21.45	57.92		152.40	482.23		1.00		53.70				
990312020	吊管机	功率（kW）	165	1385.93	216.64	69.75	188.33		152.40	758.81		1.00		84.50				
990312030	吊管机	功率（kW）	240	1698.93	314.43	101.22	273.29		152.40	857.59		1.00		95.50				
990313010	门座吊	提升质量（t）	30	574.66	272.90	29.28	66.17		129.54	76.77		1.00			78.34			
990313020	门座吊	提升质量（t）	60	987.17	576.23	61.83	139.74		129.54	79.83		1.00			81.46			
990314010	架桥机	提升质量（t）	130	839.75	443.76	47.62	113.34		129.54	105.49		1.00			107.64			
990314020	架桥机	提升质量（t）	160	1117.95	646.42	69.36	165.08		129.54	107.55		1.00			109.74			
990315010	少先吊	提升质量（t）	1	163.55	4.66	0.45	3.66	9.56	129.54	15.68		1.00			16.00			
990316010	立式油压千斤顶	起重量（t）	100	10.59	1.71	0.90	1.49	6.49										
990316020	立式油压千斤顶	起重量（t）	200	12.01	2.25	1.23	2.04	6.49										
990316030	立式油压千斤顶	起重量（t）	300	17.55	4.57	2.44	4.05	6.49										

四、水平运输机械

编码	机械名称	性能规格		台班单价	费用组成							人工及燃料动力用量						
					折旧费	检修费	维护费	安拆费及场外运费	人工费	燃料动力费	其他费	人工	汽油	柴油	电	煤	木柴	水
				元	元	元	元	元	元	元	元	工日	kg	kg	kW·h	kg	kg	m^3
												103.63	7.56	8.98	0.98	0.76	0.18	6.21
990401005	载重汽车	装载质量(t)	2	318.85	28.95	5.91	33.16		107.95	142.88		1.00	18.90					
990401010			3	364.39	32.65	6.67	37.42		107.95	179.70		1.00	23.77					
990401015			4	387.04	36.75	7.52	42.19		107.95	192.63		1.00	25.48					
990401020			5	487.01	38.30	7.82	43.87		107.95	289.07		1.00		32.19				
990401025			6	508.70	43.55	8.88	49.82		107.95	298.50		1.00		33.24				
990401030			8	579.06	75.95	15.51	60.95		107.95	318.70		1.00		35.49				
990401035			10	641.08	86.55	17.67	69.44		107.95	359.47		1.00		40.03				
990401040			12	795.07	135.40	27.63	108.59		107.95	415.50		1.00		46.27				
990401045			15	941.97	161.75	33.01	129.73		107.95	509.53		1.00		56.74				
990401050			18	990.09	170.15	34.71	136.41		107.95	540.87		1.00		60.23				
990401055			20	1053.76	191.45	39.06	153.51		107.95	561.79		1.00		62.56				
990402005	自卸汽车		2	343.73	49.28	8.48	37.65		117.76	130.56		1.00	17.27					
990402010			4	462.88	62.18	10.71	47.55		117.76	224.68		1.00	29.72					
990402015			5	486.34	68.00	11.70	51.95		117.76	236.93		1.00	31.34					
990402020			6	532.10	80.20	13.81	61.32		117.76	259.01		1.00	34.26					
990402025			8	712.82	130.29	22.40	74.82		117.76	367.55		1.00		40.93				
990402030			10	772.14	152.69	26.23	87.61		117.76	387.85		1.00		43.19				
990402035			12	950.24	169.79	29.16	97.39		235.52	418.38		2.00		46.59				
990402040			15	1076.87	209.63	36.04	120.37		235.52	475.31		2.00		52.93				
990402045			18	1134.98	220.69	37.90	126.59		235.52	514.28		2.00		57.27				
990402050			20	1249.62	270.20	46.43	155.08		235.52	542.39		2.00		60.40				

续表

编码	机械名称	性能规格		台班单价	费用组成							人工及燃料动力用量						
					折旧费	检修费	维护费	安拆费及场外运费	人工费	燃料动力费	其他费	人工	汽油	柴油	电	煤	木柴	水
				元	元	元	元	元	元	元	元	工日	kg	kg	kW·h	kg	kg	m^3
												103.63	7.56	8.98	0.98	0.76	0.18	6.21
990403005	平板拖车组	装载质量(t)	8	746.99	111.21	16.93	80.08		296.09	242.68		2.00	32.10					
990403010			10	825.01	119.70	18.22	86.18		296.09	304.82		2.00	40.32					
990403015			15	929.64	159.16	23.96	113.33		296.09	337.10		2.00	44.59					
990403020			20	1150.21	239.84	36.07	170.61		296.09	407.60		2.00		45.39				
990403025			30	1345.39	311.09	46.76	221.17		296.09	470.28		2.00		52.37				
990403030			40	1584.88	415.66	62.47	295.48		296.09	515.18		2.00		57.37				
990403035			50	1679.15	442.13	66.45	314.31		296.09	560.17		2.00		62.38				
990403040			60	1788.38	465.75	69.98	331.01		296.09	625.55		2.00		69.66				
990403045			80	2052.97	511.67	77.05	364.45		296.09	803.71		2.00		89.50				
990403050			100	3160.47	1027.14	154.67	731.59		296.09	950.98		2.00		105.90				
990403055			120	3788.34	1182.94	178.13	842.55		296.09	1288.63		2.00		143.50				
990403060			150	4654.14	1551.29	233.60	1104.93		296.09	1468.23		2.00		163.50				
990403065			200	5718.83	2033.00	306.13	1447.99		296.09	1635.62		2.00		182.14				
990404010	长材运输车		9	734.29	138.83	11.93	68.84		140.04	374.65		1.00		41.72				
990404020			12	991.23	194.24	16.69	96.30		280.08	403.92		2.00		44.98				
990404030			15	1110.01	231.99	19.93	115.00		280.08	463.01		2.00		51.56				
990404040			20	1208.49	267.77	22.68	130.86		280.08	507.10		2.00		56.47				
990405010	管子拖车		8	1483.38	174.99	14.99	86.49		280.08	926.83		2.00		103.21				
990405020			10	1523.63	186.33	15.93	91.92		280.08	949.37		2.00		105.72				
990405030			24	2011.91	406.60	34.80	200.80		280.08	1089.63		2.00		121.34				
990405040			27	2255.21	553.91	47.44	273.73		280.08	1100.05		2.00		122.50				
990405050			35	2434.26	655.25	56.12	323.81		280.08	1119.00		2.00		124.61				

续表

编码	机械名称	性能规格		台班单价	费用组成							人工及燃料动力用量						
					折旧费	检修费	维护费	安拆费及场外运费	人工费	燃料动力费	其他费	人工	汽油	柴油	电	煤	木柴	水
				元	元	元	元	元	元	元	元	工日	kg	kg	kW·h	kg	kg	m^3
												103.63	7.56	8.98	0.98	0.76	0.18	6.21
990406010	机动翻斗车	装载质量（t）	1	194.76	14.00	3.11	12.22	7.65	103.63	54.15		1.00		6.03				
990406020	机动翻斗车	装载质量（t）	1.5	229.30	16.09	2.88	11.32	7.65	103.63	87.73		1.00		9.77				
990407010	轨道平车	装载质量（t）	5	35.67	8.80	0.82	3.22	22.83										
990407020	轨道平车	装载质量（t）	10	94.39	49.08	4.56	17.92	22.83										
990407030	轨道平车	装载质量（t）	20	133.22	75.68	7.04	27.67	22.83										
990407040	轨道平车	装载质量（t）	30	231.13	142.88	13.27	52.15	22.83										
990407050	轨道平车	装载质量（t）	60	388.18	250.48	23.30	91.57	22.83										
990408010	油罐车	罐容量（L）	3000	444.38	58.15	9.36	47.64		107.95	221.28		1.00	29.27					
990408020	油罐车	罐容量（L）	5000	480.99	71.30	11.51	58.59		107.95	231.64		1.00	30.64					
990408030	油罐车	罐容量（L）	8000	597.14	93.65	15.11	76.91		107.95	303.52		1.00		33.80				
990409010	洒水车	罐容量（L）	3000	409.40	40.25	6.56	28.14		107.95	226.50		1.00	29.96					
990409020	洒水车	罐容量（L）	4000	456.11	64.70	10.41	44.66		107.95	228.39		1.00	30.21					
990409030	洒水车	罐容量（L）	6000	492.16	72.50	11.82	50.71		107.95	249.18		1.00	32.96					
990409040	洒水车	罐容量（L）	8000	500.38	76.35	12.29	52.72		107.95	251.07		1.00	33.21					
990410010	多功能高压疏通车	罐容量（L）	5000	605.67	143.15	22.91	98.28		107.95	233.38		1.00	30.87					
990410020	多功能高压疏通车	罐容量（L）	8000	715.73	190.70	30.51	130.89		107.95	255.68		1.00	33.82					
990411010	泥浆罐车	罐容量（L）	5000	487.05	76.05	12.17	52.21		107.95	238.67		1.00	31.57					
990412010	散装水泥车	装载质量（t）	7	625.31	99.76	29.57	92.55		129.54	273.89		1.00		30.50				
990412020	散装水泥车	装载质量（t）	10	825.96	167.76	49.73	155.65		129.54	323.28		1.00		36.00				
990412030	散装水泥车	装载质量（t）	15	991.52	196.74	62.86	196.75		129.54	405.63		1.00		45.17				
990412040	散装水泥车	装载质量（t）	20	1315.54	273.45	81.06	253.72		129.54	577.77		1.00		64.34				
990412050	散装水泥车	装载质量（t）	26	1806.37	461.57	136.83	428.28		129.54	650.15		1.00		72.40				

续表

编码	机械名称	性能规格		台班单价	费用组成							人工及燃料动力用量						
					折旧费	检修费	维护费	安拆费及场外运费	人工费	燃料动力费	其他费	人工	汽油	柴油	电	煤	木柴	水
				元	元	元	元	元	元	元	元	工日	kg	kg	kW·h	kg	kg	m^3
												103.63	7.56	8.98	0.98	0.76	0.18	6.21
990413010	吸污车	装载质量(t)	4	523.16	80.40	12.84	55.08		107.95	266.89		1.00		29.72				
990413020			6	576.80	87.35	13.96	59.89		107.95	307.65		1.00		34.26				
990413030			8	644.10	91.20	14.58	62.55		107.95	367.82		1.00		40.96				
990413040			10	680.18	94.75	15.16	65.04		107.95	397.28		1.00		44.24				
990414010	电瓶车	牵引质量(t)	2.5	198.10	24.92	4.28	6.81	18.16	143.93			1.00						
990414020			5	234.29	37.88	6.51	14.26	31.71	143.93			1.00						
990414030			7	249.17	47.50	8.16	17.87	31.71	143.93			1.00						
990414040			8	252.80	49.85	8.56	18.75	31.71	143.93			1.00						
990414050			10	266.68	58.82	10.10	22.12	31.71	143.93			1.00						
990414060			12	290.16	74.01	12.70	27.81	31.71	143.93			1.00						
990415010	托盘车	装载质量(t)	8	610.63	93.85	15.00	64.35		107.95	329.48		1.00		36.69				

五、垂直运输机械

编码	机械名称	性能规格		台班单价	费用组成							人工及燃料动力用量						
					折旧费	检修费	维护费	安拆费及场外运费	人工费	燃料动力费	其他费	人工	汽油	柴油	电	煤	木柴	水
				元	元	元	元	元	元	元	元	工日	kg	kg	kW·h	kg	kg	m^3
												103.63	7.56	8.98	0.98	0.76	0.18	6.21
990501010	电动单筒快速卷扬机	牵引力(kN)	5	149.99	1.27	0.50	1.34	9.10	123.37	14.41		1.00			14.70			
990501020			10	168.48	1.49	0.62	1.66	9.10	123.37	32.24		1.00			32.90			
990501030			15	185.74	1.99	0.81	2.16	9.10	123.37	48.31		1.00			49.30			
990501040			20	205.57	2.94	1.20	3.20	9.10	123.37	65.76		1.00			67.10			
990501050			30	226.76	8.64	3.52	9.40	9.10	123.37	72.73		1.00			74.21			
990502010	电动双筒快速卷扬机		10	224.18	4.07	1.05	2.80	9.10	123.37	83.79		1.00			85.50			
990502020			30	251.84	11.49	2.96	7.90	9.10	123.37	97.02		1.00			99.00			
990502030			50	289.85	17.42	4.49	11.99	9.10	123.37	123.48		1.00			126.00			
990503010	电动单筒慢速卷扬机		10	169.73	4.16	1.34	3.58	9.10	123.37	28.18		1.00			28.76			
990503020			30	177.81	6.65	2.13	5.69	9.10	123.37	30.87		1.00			31.50			
990503030			50	184.21	8.64	2.77	7.40	9.10	123.37	32.93		1.00			33.60			
990503040			80	237.20	19.72	6.34	16.93	9.10	123.37	61.74		1.00			63.00			
990503050			100	272.43	31.35	10.10	26.97	9.10	123.37	71.54		1.00			73.00			
990503060			200	446.46	60.35	19.43	51.88	27.18	123.37	164.25		1.00			167.60			
990503070			300	697.40	123.00	39.60	105.73	27.18	123.37	278.52		1.00			284.20			
990504010	电动双筒慢速卷扬机		30	189.40	12.35	2.66	7.42	9.10	123.37	34.50		1.00			35.20			
990504020			50	215.15	17.91	3.85	10.74	9.10	123.37	50.18		1.00			51.20			
990504030			80	272.58	25.29	5.43	40.40	9.10	123.37	68.99		1.00			70.40			
990504040			100	318.07	40.80	8.75	65.10	9.10	123.37	70.95		1.00			72.40			
990505010	卷扬机带40m塔		50	218.92	21.04	8.57	23.91	9.10	123.37	32.93		1.00			33.60			

续表

编码	机械名称	性能规格			台班单价	费用组成							人工及燃料动力用量						
						折旧费	检修费	维护费	安拆费及场外运费	人工费	燃料动力费	其他费	人工	汽油	柴油	电	煤	木柴	水
					元	元	元	元	元	元	元	元	工日	kg	kg	kW·h	kg	kg	m^3
													103.63	7.56	8.98	0.98	0.76	0.18	6.21
990506010	单笼施工电梯	提升质量(t)	1	提升高度(m) 75	309.74	84.33	25.33	50.66		107.95	41.47		1.00			42.32			
990506020	单笼施工电梯	提升质量(t)	1	提升高度(m) 100	332.12	94.37	28.35	56.70		107.95	44.75		1.00			45.66			
990506030	单笼施工电梯	提升质量(t)	1	提升高度(m) 130	370.05	107.27	32.22	64.44		107.95	58.17		1.00			59.36			
990507010	双笼施工电梯	提升质量(t)	2×1	提升高度(m) 50	380.02	63.53	19.09	38.18		215.90	43.32		2.00			44.20			
990507020	双笼施工电梯	提升质量(t)	2×1	提升高度(m) 100	523.22	119.43	35.89	71.78		215.90	80.22		2.00			81.86			
990507030	双笼施工电梯	提升质量(t)	2×1	提升高度(m) 130	551.61	124.30	37.34	74.68		215.90	99.39		2.00			101.42			
990507040	双笼施工电梯	提升质量(t)	2×1	提升高度(m) 200	625.80	133.13	40.01	80.02		215.90	156.74		2.00			159.94			
990507050	双笼施工电梯	提升质量(t)	2×1	提升高度(m) 300	830.10	234.17	70.35	140.70		215.90	168.98		2.00			172.43			
990508010	电动吊篮	提升质量(t)	0.5		48.16	13.42	2.74	5.53	8.44		18.03					18.40			
990508020	电动吊篮	提升质量(t)	0.63		56.95	17.81	3.64	7.35	8.44		19.71					20.11			
990508030	电动吊篮	提升质量(t)	0.8		69.36	23.63	4.81	9.72	8.44		22.76					23.22			
990509010	单速电动葫芦	提升质量(t)	2		38.38	10.57	2.16	7.13			18.52					18.90			
990509020	单速电动葫芦	提升质量(t)	3		41.00	11.99	2.44	8.05			18.52					18.90			
990509030	单速电动葫芦	提升质量(t)	5		48.99	15.79	3.21	10.59			19.40					19.80			
990510010	双速电动葫芦	提升质量(t)	10		115.18	36.46	7.44	19.49			51.79					52.85			
990510020	双速电动葫芦	提升质量(t)	20		216.51	67.21	13.71	35.92			99.67					101.70			
990510030	双速电动葫芦	提升质量(t)	30		263.63	70.18	14.30	37.47			141.68					144.57			
990511010	皮带运输机	带长×带宽(m)	10×0.5		259.91	17.86	6.52	22.89	21.79	172.72	18.13		1.00			18.50			
990511020	皮带运输机	带长×带宽(m)	15×0.5		270.76	21.22	7.73	27.13	21.79	172.72	20.17		1.00			20.58			
990511030	皮带运输机	带长×带宽(m)	20×0.5		295.60	28.37	10.36	36.36	21.79	172.72	26.00		1.00			26.53			
990511040	皮带运输机	带长×带宽(m)	30×0.5		311.74	31.73	11.59	40.68	21.79	172.72	33.23		1.00			33.91			

续表

编码	机械名称	性能规格		台班单价	费用组成							人工及燃料动力用量						
					折旧费	检修费	维护费	安拆费及场外运费	人工费	燃料动力费	其他费	人工	汽油	柴油	电	煤	木柴	水
				元	元	元	元	元	元	元	元	工日	kg	kg	kW·h	kg	kg	m^3
												103.63	7.56	8.98	0.98	0.76	0.18	6.21
990512010	平台作业升降车	提升高度(m)	9	378.25	50.98	15.33	21.46	38.05		252.43				28.11				
990512020			16	485.83	81.57	24.51	34.31	38.05		307.39				34.23				
990512030			20	636.37	95.89	28.81	40.33	38.05		433.29				48.25				
990512040			22	696.84	109.57	32.93	46.10	38.05		470.19				52.36				
990512050			40	799.61	127.24	38.23	53.52	38.05		542.57				60.42				
990513010	汽车式高空作业车		18	632.52	187.21	56.25	78.75		172.72	137.59		1.00	18.20					
990513020			21	879.34	320.97	96.43	135.00		172.72	154.22		1.00	20.40					
990514010	升板设备	提升质量(t)	60	394.07	227.05	34.10	89.34	19.12		24.46					24.96			

六、混凝土及砂浆机械

编码	机械名称	性能规格		台班单价	费用组成							人工及燃料动力用量						
					折旧费	检修费	维护费	安拆费及场外运费	人工费	燃料动力费	其他费	人工	汽油	柴油	电	煤	木柴	水
				元	元	元	元	元	元	元	元	工日	kg	kg	kW·h	kg	kg	m^3
												103.63	7.56	8.98	0.98	0.76	0.18	6.21
990601010	涡浆式混凝土搅拌机	出料容量（L）	250	215.86	16.50	3.37	8.02	10.62	143.93	33.42		1.00			34.10			
990601020			350	268.86	23.13	4.71	11.21	10.62	143.93	75.26		1.00			76.80			
990601030			500	325.66	38.81	7.91	18.83	10.62	143.93	105.56		1.00			107.71			
990601040			1000	469.09	71.87	14.25	33.92	31.71	143.93	173.41		1.00			176.95			
990602010	双锥反转出料混凝土搅拌机		200	189.46	6.95	1.41	3.72	10.62	143.93	22.83		1.00			23.30			
990602020			350	218.12	12.00	2.45	6.47	10.62	143.93	42.65		1.00			43.52			
990602030			500	248.30	25.84	5.27	8.70	10.62	143.93	53.94		1.00			55.04			
990602040			750	302.66	31.16	6.35	10.48	31.71	143.93	79.03		1.00			80.64			
990602050			1000	341.47	55.15	11.27	18.60	31.71	143.93	80.81		1.00			82.46			
990602060			1500	349.81	58.74	12.00	19.80	31.71	143.93	83.63		1.00			85.34			
990603010	单卧轴式混凝土搅拌机		150	203.93	8.14	1.66	6.71	10.62	143.93	32.87		1.00			33.54			
990603020			250	229.97	14.44	2.94	11.88	10.62	143.93	46.16		1.00			47.10			
990603030			350	253.34	17.53	3.58	14.46	10.62	143.93	63.22		1.00			64.51			
990604010	双卧轴式混凝土搅拌机		350	296.32	19.92	4.06	19.24	10.62	143.93	98.55		1.00			100.56			
990604020			500	329.21	29.53	6.02	28.53	10.62	143.93	110.58		1.00			112.84			
990604030			800	424.29	68.24	13.94	66.08	10.62	143.93	121.48		1.00			123.96			
990604040			1000	460.55	76.33	15.56	44.50	31.71	143.93	148.52		1.00			151.55			
990604050			1500	554.03	109.82	22.39	64.04	31.71	143.93	182.14		1.00			185.86			

续表

编码	机械名称	性能规格		台班单价	费用组成							人工及燃料动力用量						
					折旧费	检修费	维护费	安拆费及场外运费	人工费	燃料动力费	其他费	人工	汽油	柴油	电	煤	木柴	水
				元	元	元	元	元	元	元	元	工日	kg	kg	kW·h	kg	kg	m^3
												103.63	7.56	8.98	0.98	0.76	0.18	6.21
990605010	混凝土搅拌站	生产率(m^3/h)	15	1731.05	137.83	28.10	74.75		1295.38	194.99		9.00			198.97			
990605020			25	1875.69	181.48	37.01	98.45		1295.38	263.37		9.00			268.74			
990605030			45	2146.93	272.30	55.52	147.68		1295.38	376.05		9.00			383.72			
990605040			50	2275.37	317.57	64.75	172.24		1295.38	425.43		9.00			434.11			
990605050			60	2622.26	388.63	79.23	210.75		1295.38	648.27		9.00			661.50			
990606010	混凝土搅拌输送车	搅动容量(m^3)	4	907.44	233.76	43.89	180.83		129.54	319.42		1.00		35.57				
990606020			5	1051.67	277.58	52.12	214.73		129.54	377.70		1.00		42.06				
990606030			6	1386.21	388.91	73.02	300.84		129.54	493.90		1.00		55.00				
990606040			7	1446.58	396.80	74.50	306.94		129.54	538.80		1.00		60.00				
990606050			8	1471.46	399.77	75.06	309.25		129.54	557.84		1.00		62.12				
990606060			10	1517.50	409.75	76.93	316.95		129.54	584.33		1.00		65.07				
990606070			12	1544.43	413.07	77.56	319.55		129.54	604.71		1.00		67.34				
990606080			14	1582.66	423.05	79.43	327.25		129.54	623.39		1.00		69.42				
990606090			16	1624.24	431.00	80.93	333.43		129.54	649.34		1.00		72.31				
990607005	混凝土输送泵车	输送量(m^3/h)	20	1179.84	347.05	48.41	132.16		259.08	393.14		2.00		43.78				
990607010			45	1540.65	412.18	57.50	156.98		259.08	654.91		2.00		72.93				
990607015			70	1620.84	445.19	62.11	169.56		259.08	684.90		2.00		76.27				

续表

编码	机械名称	性能规格		台班单价	费用组成							人工及燃料动力用量						
					折旧费	检修费	维护费	安拆费及场外运费	人工费	燃料动力费	其他费	人工	汽油	柴油	电	煤	木柴	水
				元	元	元	元	元	元	元	元	工日	kg	kg	kW·h	kg	kg	m^3
												103.63	7.56	8.98	0.98	0.76	0.18	6.21
990607020	混凝土输送泵车	输送量(m^3/h)	75	1816.89	529.27	73.83	201.56		259.08	753.15		2.00		83.87				
990607025			85	2248.68	769.98	107.41	293.23		259.08	818.98		2.00		91.20				
990607030			90	2530.90	1013.95	141.45	271.58		259.08	844.84		2.00		94.08				
990607035			100	2641.39	1067.21	148.87	285.83		259.08	880.40		2.00		98.04				
990607040			120	2822.51	1174.20	163.80	314.50		259.08	910.93		2.00		101.44				
990607045			140	3100.23	1314.86	183.43	352.19		259.08	990.67		2.00		110.32				
990607050			150	4437.22	2226.09	310.54	596.24		259.08	1045.27		2.00		116.40				
990607055			170	4640.25	2342.28	326.75	627.36		259.08	1084.78		2.00		120.80				
990608005	混凝土输送泵		8	446.08	126.92	20.44	45.58	28.54	129.54	95.06		1.00			97.00			
990608010			15	525.93	143.36	23.08	51.47	28.54	129.54	149.94		1.00			153.00			
990608015			30	710.23	229.62	36.96	82.42	28.54	129.54	203.15		1.00			207.30			
990608020			45	976.28	381.24	61.36	85.29	80.26	129.54	238.59		1.00			243.46			
990608025			60	1129.85	418.29	67.33	93.59	80.26	129.54	340.84		1.00			347.80			
990608030			75	1242.47	485.36	78.12	108.59	80.26	129.54	360.60		1.00			367.96			
990608035			80	1653.67	711.84	114.58	159.27	80.26	129.54	458.18		1.00			467.53			
990608040			95	1701.64	745.66	120.02	166.83	80.26	129.54	459.33		1.00			468.70			
990608045			105	1755.73	780.81	125.69	174.71	80.26	129.54	464.72		1.00			474.20			

续表

编码	机械名称	性能规格		台班单价	费用组成							人工及燃料动力用量						
					折旧费	检修费	维护费	安拆费及场外运费	人工费	燃料动力费	其他费	人工	汽油	柴油	电	煤	木柴	水
				元	元	元	元	元	元	元	元	工日	kg	kg	kW·h	kg	kg	m^3
												103.63	7.56	8.98	0.98	0.76	0.18	6.21
990608050	混凝土输送泵	输送量(m^3/h)	110	1790.65	802.37	129.15	179.52	80.26	129.54	469.81		1.00			479.40			
990608055			120	1828.12	828.78	133.40	185.43	80.26	129.54	470.71		1.00			480.32			
990608060			130	1990.12	944.30	151.99	211.27	80.26	129.54	472.76		1.00			482.41			
990609010	混凝土湿喷机	生产率(m^3/h)	5	336.19	28.88	4.65	18.93	9.56	259.08	15.09		2.00			15.40			
990610010	灰浆搅拌机	拌筒容量(L)	200	167.88	2.99	0.38	1.52	10.62	143.93	8.44		1.00			8.61			
990610020			400	176.09	4.07	0.52	2.08	10.62	143.93	14.87		1.00			15.17			
990611010	干混砂浆罐式搅拌机	公称储量(L)	20000	222.35	26.82	4.42	8.62	10.62	143.93	27.94		1.00			28.51			
990612010	挤压式灰浆输送泵	输送量(m^3/h)	3	192.59	14.25	2.76	13.25	9.56	129.54	23.23		1.00			23.70			
990612020			4	207.08	18.34	3.55	17.04	9.56	129.54	29.05		1.00			29.64			
990612030			5	218.52	21.00	4.06	19.49	9.56	129.54	34.87		1.00			35.58			
990612040			6	228.35	24.80	4.79	22.99	9.56	129.54	36.67		1.00			37.42			
990613010	筛洗石子机	洗石量(m^3/h)	10	240.86	7.75	1.25	3.16	14.71	199.29	14.70		1.00			15.00			
990614010	筛砂机	生产率(m^3/h)	10	184.75	7.00	1.42	3.69	4.69	143.93	24.02		1.00			24.51			
990615010	偏心式振动筛		16	184.92	4.78	0.97	2.52	4.69	143.93	28.03		1.00			28.60			
990616010	混凝土振动台	台面尺寸(m)	1.5×6	305.01	22.65	2.92	16.15	14.71	199.29	49.29		1.00			50.30			
990616020			2.4×6.2	431.13	44.08	5.67	31.36	14.71	199.29	136.02		1.00			138.80			
990617010	混凝土抹平机	功率(kW)	5.5	30.18	1.85	0.23	0.73	4.69		22.68					23.14			
990618010	混凝土切缝机		7.5	39.45	2.55	0.31	0.98	4.69		30.92					31.55			

七、加工机械

编码	机械名称	性能规格		台班单价	费用组成							人工及燃料动力用量						
					折旧费	检修费	维护费	安拆费及场外运费	人工费	燃料动力费	其他费	人工	汽油	柴油	电	煤	木柴	水
				元	元	元	元	元	元	元	元	工日	kg	kg	kW·h	kg	kg	m^3
												103.63	7.56	8.98	0.98	0.76	0.18	6.21
990701010	钢筋调直机	直径(mm)	14	42.73	13.59	2.47	6.57	8.44		11.66					11.90			
990702010	钢筋切断机		40	52.02	6.08	1.11	4.93	8.44		31.46					32.10			
990702020			50	68.25	11.21	2.05	9.10	8.44		37.45					38.21			
990703010	钢筋弯曲机		40	30.40	4.47	0.81	4.14	8.44		12.54					12.80			
990703020			50	32.45	4.56	0.84	4.29	8.44		14.32					14.61			
990704010	钢筋镦头机		5	62.17	6.27	1.15	4.69	8.44		41.62					42.47			
990705005	预应力钢筋拉伸机	拉伸力(kN)	600	29.88	9.03	1.27	4.62			14.96					15.27			
990705010			650	32.40	9.41	1.31	4.77			16.91					17.25			
990705015			850	42.52	10.26	1.43	5.21			25.62					26.14			
990705020			900	50.61	13.40	1.86	6.77			28.58					29.16			
990705025			1000	58.43	16.44	2.29	8.34			31.36					32.00			
990705030			1200	72.80	21.00	2.93	10.67			38.20					38.98			
990705035			1500	78.38	22.33	3.12	11.36			41.57					42.42			
990705040			2500	95.06	30.69	4.29	15.62			44.46					45.37			
990705045			3000	129.85	34.87	4.86	17.69			72.43					73.91			
990705050			4000	174.94	57.19	7.97	29.01			80.77					82.42			
990705055			5000	230.87	74.20	10.35	37.67			108.65					110.87			
990706010	木工圆锯机	直径(mm)	500	32.88	2.41	0.42	0.90	5.63		23.52					24.00			
990706020			600	44.47	4.09	0.70	1.51	5.63		32.54					33.20			

续表

编码	机械名称	性能规格		台班单价	费用组成							人工及燃料动力用量						
					折旧费	检修费	维护费	安拆费及场外运费	人工费	燃料动力费	其他费	人工	汽油	柴油	电	煤	木柴	水
				元	元	元	元	元	元	元	元	工日	kg	kg	kW·h	kg	kg	m^3
												103.63	7.56	8.98	0.98	0.76	0.18	6.21
990706030	木工圆锯机	直径(mm)	1000	87.01	5.77	0.98	2.11	5.63		72.52					74.00			
990707010	木工台式带锯机	锯轮直径(mm)	1250	252.45	13.40	2.30	5.18			231.57					236.30			
990708010	卧式带锯机			169.45	3.56	1.29	2.90			161.70					165.00			
990709010	木工平刨床	刨削宽度(mm)	300	13.48	2.77	0.47	1.81			8.43					8.60			
990709020			500	28.36	8.58	1.47	5.67			12.64					12.90			
990710010	木工单面压刨床		600	41.34	8.14	1.39	3.78			28.03					28.60			
990711010	木工双面压刨床		600	64.67	13.14	2.26	6.15			43.12					44.00			
990712010	木工三面压刨床		400	79.56	18.13	3.11	6.97			51.35					52.40			
990713010	木工四面压刨床		300	106.09	26.60	4.57	10.24			64.68					66.00			
990714010	木工开榫机	榫头长度(mm)	160	60.93	20.36	3.50	10.61			26.46					27.00			
990715010	木工打眼机	榫槽宽度(mm)	16	10.87	3.26	0.56	2.44			4.61					4.70			
990716010	木工榫槽机	榫槽深度(mm)	100	37.09	3.26	0.56	2.40			30.87					31.50			
990717010	木工裁口机	宽度(mm)	400	44.36	5.37	0.93	2.78			35.28					36.00			
990718010	普通车床	工件直径×工件长度(mm)	400×1000	172.47	16.59	6.42	6.74		129.54	13.18		1.00			13.45			
990718020			400×2000	188.80	20.63	7.96	8.36		129.54	22.31		1.00			22.77			
990718030			630×1400	202.43	26.36	10.18	10.69		129.54	25.66		1.00			26.18			
990718040			630×2000	216.86	32.23	12.45	13.07		129.54	29.57		1.00			30.17			
990718050			660×2000	253.96	36.71	14.18	14.89		129.54	58.64		1.00			59.84			
990719010	立式车床	直径(mm)	2250	117.23	98.64	5.29	7.99			5.31					5.42			

续表

编码	机械名称	性能规格		台班单价	费用组成							人工及燃料动力用量						
					折旧费	检修费	维护费	安拆费及场外运费	人工费	燃料动力费	其他费	人工	汽油	柴油	电	煤	木柴	水
				元	元	元	元	元	元	元	元	工日	kg	kg	kW·h	kg	kg	m^3
												103.63	7.56	8.98	0.98	0.76	0.18	6.21
990720010	管子车床			173.14	8.82	4.25	4.46		129.54	26.07		1.00			26.60			
990721010	外圆磨床	工件直径×工件长度(mm)	200×500	269.03	29.59	14.29	10.29		172.72	42.14		1.00			43.00			
990722010	龙门刨床	刨削宽度×长度(mm)	1000×3000	383.63	146.53	23.59	13.45		172.72	27.34		1.00			27.90			
990722020			1000×4000	447.27	152.90	24.61	14.03		172.72	83.01		1.00			84.70			
990722030			1000×6000	622.49	206.65	33.26	18.96		172.72	190.90		1.00			194.80			
990723010	牛头刨床	刨削长度(mm)	650	188.14	20.91	3.37	2.26		148.04	13.56		1.00			13.84			
990724010	立式铣床	台宽×台长(mm)	320×1250	208.43	30.60	4.93	3.89		148.04	20.97		1.00			21.40			
990724020			400×1250	236.27	47.11	7.59	6.00		148.04	27.53		1.00			28.09			
990725010	卧式铣床		400×1250	209.47	30.68	4.94	3.90		148.04	21.91		1.00			22.36			
990725020			400×1600	221.72	39.56	6.37	5.03		148.04	22.72		1.00			23.18			
990726010	台式钻床	钻孔直径(mm)	16	5.44	1.05	0.17	0.32			3.90					3.98			
990726020			25	6.99	1.25	0.21	0.39			5.14					5.24			
990726030			35	12.18	2.73	0.44	0.82			8.19					8.36			
990727010	立式钻床		25	8.37	3.39	0.54	0.49			3.95					4.03			
990727020			35	13.39	5.41	0.87	0.79			6.32					6.45			
990727030			50	24.71	11.45	1.84	1.67			9.75					9.95			
990728010	摇臂钻床		25	10.76	4.94	0.80	0.44			4.58					4.67			
990728020			50	26.01	13.08	2.10	1.16			9.67					9.87			
990728030			63	50.59	27.10	4.36	2.40			16.73					17.07			

续表

编码	机械名称	性能规格		台班单价	费用组成							人工及燃料动力用量						
					折旧费	检修费	维护费	安拆费及场外运费	人工费	燃料动力费	其他费	人工	汽油	柴油	电	煤	木柴	水
				元	元	元	元	元	元	元	元	工日	kg	kg	kW·h	kg	kg	m^3
												103.63	7.56	8.98	0.98	0.76	0.18	6.21
990728040	摇臂钻床	钻孔直径(mm)	80	84.99	52.95	8.52	4.69			18.83					19.21			
990729010	坐标镗车	工作台(mm)	800×1200	384.64	103.55	5.56	8.40		259.08	8.05		1.00			8.21			
990730010	锥形螺纹车丝机	直径(mm)	45	20.48	3.23	0.63	1.07	6.49		9.06					9.24			
990731010	螺栓套丝机		39	34.25	2.53	0.27	0.46	6.49		24.50					25.00			
990732005	剪板机	厚度×宽度(mm)	6.3×2000	203.94	23.24	3.00	1.59		148.04	28.07		1.00			28.64			
990732010			10×2500	242.00	42.71	5.50	2.92		148.04	42.83		1.00			43.70			
990732015			13×2500	259.46	51.08	6.58	3.49		148.04	50.27		1.00			51.30			
990732020			13×3000	267.43	55.09	8.79	4.66		148.04	50.85		1.00			51.89			
990732025			16×2500	270.35	58.17	7.49	3.97		148.04	52.68		1.00			53.76			
990732030			20×2000	293.25	76.00	9.79	5.19		148.04	54.23		1.00			55.34			
990732035			20×2500	312.76	90.64	11.67	6.19		148.04	56.22		1.00			57.37			
990732040			20×4000	442.64	169.64	21.85	11.58		148.04	91.53		1.00			93.40			
990732045			32×4000	627.17	295.16	38.00	20.14		148.04	125.83		1.00			128.40			
990732050			40×3100	666.18	347.06	44.69	23.69		148.04	102.70		1.00			104.80			
990733010	板料校平机		10×2000	975.07	613.17	65.80	34.22		185.05	76.83		1.00			78.40			
990733020			16×2000	1221.32	789.34	84.70	44.04		185.05	118.19		1.00			120.60			
990733030			16×2500	1300.12	849.67	91.18	47.41		185.05	126.81		1.00			129.40			
990734005	卷板机	板厚×宽度(mm)	2×1600	195.10	14.80	2.39	1.84		148.04	28.03		1.00			28.60			
990734010			20×2000	213.03	25.85	4.17	3.21		148.04	31.76		1.00			32.41			
990734015			20×2500	249.63	30.17	4.86	3.74		148.04	62.82		1.00			64.10			

续表

编码	机械名称	性能规格		台班单价	费用组成							人工及燃料动力用量						
					折旧费	检修费	维护费	安拆费及场外运费	人工费	燃料动力费	其他费	人工	汽油	柴油	电	煤	木柴	水
				元	元	元	元	元	元	元	元	工日	kg	kg	kW · h	kg	kg	m³
												103.63	7.56	8.98	0.98	0.76	0.18	6.21
990734020	卷板机	板厚×宽度（mm）	20×3000	261.78	37.92	6.11	4.70		148.04	65.01		1.00			66.34			
990734025			30×2000	339.17	93.83	15.11	11.63		148.04	70.56		1.00			72.00			
990734030			30×2500	386.58	113.49	18.27	14.07		148.04	92.71		1.00			94.60			
990734035			30×3000	473.48	149.98	24.15	18.60		148.04	132.71		1.00			135.42			
990734040			40×3500	547.33	175.87	28.30	21.79		148.04	173.33		1.00			176.87			
990734045			40×4000	1000.10	481.23	77.46	59.64		148.04	233.73		1.00			238.50			
990734050			45×3500	1098.78	538.19	86.63	66.71		148.04	259.21		1.00			264.50			
990734055			70×3000	1199.11	599.55	96.50	74.31		148.04	280.71		1.00			286.44			
990735010	联合冲剪机	板厚（mm）	16	301.61	52.43	10.12	10.42		215.90	12.74		1.00			13.00			
990735020			30	328.22	69.95	13.51	13.92		215.90	14.94		1.00			15.24			
990736010	刨边机	加工长度（mm）	9000	525.60	206.67	39.92	42.71		161.92	74.38		1.00			75.90			
990736020			12000	584.14	248.50	47.99	51.35		161.92	74.38		1.00			75.90			
990737010	折方机	厚度×宽度（mm）	1.5×2000	17.82	5.32	1.04	0.44			11.02					11.24			
990737020			2×1000	13.39	2.91	0.57	0.24			9.67					9.87			
990737030			2×1500	15.12	3.93	0.76	0.32			10.11					10.32			
990737040			4×2000	38.51	20.39	3.93	1.65			12.54					12.80			
990738010	扳边机		2×1500	21.86	6.84	1.32	0.55			13.15					13.42			
990739010	咬口机	板厚（mm）	1.2	17.84	4.43	0.23	0.64			12.54					12.80			
990739020			1.5	21.36	6.97	0.38	1.06			12.95					13.21			
990740010	坡口机	功率（kW）	2.2	36.20	17.93	0.96	2.30	8.44		6.57					6.70			

续表

编码	机械名称	性能规格		台班单价	费用组成							人工及燃料动力用量						
					折旧费	检修费	维护费	安拆费及场外运费	人工费	燃料动力费	其他费	人工	汽油	柴油	电	煤	木柴	水
				元	元	元	元	元	元	元	元	工日	kg	kg	kW·h	kg	kg	m^3
												103.63	7.56	8.98	0.98	0.76	0.18	6.21
990740020	坡口机	功率(kW)	2.8	37.58	18.64	1.00	2.40	8.44		7.10					7.24			
990741010	开卷机	厚度(mm)	12	235.16	5.38	0.28	0.47		215.90	13.13		1.00			13.40			
990742010	开孔机	开孔直径(mm)	200	234.28	3.56	0.19	0.32		215.90	14.31		1.00			14.60			
990742020			400	238.50	3.72	0.20	0.33		215.90	18.35		1.00			18.72			
990742030			600	240.58	5.07	0.28	0.47		215.90	18.86		1.00			19.24			
990743010	等离子切割机	电流(A)	400	286.07	39.78	6.40	38.21	11.95		189.73					193.60			
990744010	半自动切割机	厚度(mm)	100	113.35	2.09	0.34	2.13	12.75		96.04					98.00			
990745010	自动仿形切割机		60	82.68	5.45	0.87	5.45	12.75		58.16					59.35			
990746010	弓锯床	锯料直径(mm)	250	27.77	12.75	0.68	1.03	8.44		4.87					4.97			
990747010	管子切断机	管径(mm)	60	19.00	4.50	0.87	2.44	6.49		4.70					4.80			
990747020			150	39.49	12.73	2.47	5.16	6.49		12.64					12.90			
990747030			250	51.91	14.63	2.83	5.91	6.49		22.05					22.50			
990747040			325	97.73	37.43	7.23	15.11	6.49		31.47					32.11			
990748010	管子切断套丝机		159	26.07	4.43	0.48	1.58	6.49		13.09					13.36			
990749010	型钢剪断机	剪断宽度(mm)	500	259.55	45.09	7.25	7.03		148.04	52.14		1.00			53.20			
990750010	校直机			37.59	3.48	0.38	0.20			33.53					34.21			
990751010	型钢矫正机	厚度×宽度(mm)	60×800	230.70	14.99	2.41	2.34		148.04	62.92		1.00			64.20			
990752010	型钢组立机		60×800	220.26	3.93	0.64	0.62		148.04	67.03		1.00			68.40			
990753010	中频加热处理机	功率(kW)	50	47.91	8.36	0.89	1.03			37.63					38.40			
990753020			100	116.05	62.89	6.75	7.83			38.58					39.37			

续表

编码	机械名称	性能规格		台班单价	费用组成							人工及燃料动力用量						
					折旧费	检修费	维护费	安拆费及场外运费	人工费	燃料动力费	其他费	人工	汽油	柴油	电	煤	木柴	水
				元	元	元	元	元	元	元	元	工日	kg	kg	kW·h	kg	kg	m^3
												103.63	7.56	8.98	0.98	0.76	0.18	6.21
990754010	中频感应炉	功率（kW）	250	54.20	3.10	0.33	0.38			50.39					51.42			
990755010	中频煨弯机		160	87.71	35.34	3.80	4.41	6.49		37.67					38.44			
990755020			250	111.01	51.17	5.49	6.37	6.49		41.49					42.34			
990756010	钢材电动煨弯机	弯曲直径（mm）	500 以内	61.68	24.37	2.61	1.80	6.03		26.87					27.42			
990756020			500～1800	97.00	50.36	5.41	3.73	6.03		31.47					32.11			
990757010	法兰卷圆机	L40×4		39.58	15.20	0.81	2.59	8.44		12.54					12.80			
990758010	电动弯管机	管径（mm）	50	31.70	4.43	0.48	0.56	6.49		19.74					20.14			
990758020			100	39.30	8.87	0.95	1.10	6.49		21.89					22.34			
990758030			108	93.75	45.28	4.87	5.65	6.49		31.46					32.10			
990759010	液压弯管机		60	59.09	21.22	2.28	2.64	6.49		26.46					27.00			
990760010	空气锤	锤体质量（kg）	75	190.78	11.79	1.26	1.61		152.40	23.72		1.00			24.20			
990760020			150	234.50	22.90	2.45	3.14		152.40	53.61		1.00			54.70			
990760030			400	355.75	61.97	6.65	8.51		152.40	126.22		1.00			128.80			
990760040			750	457.01	137.48	14.76	18.89		152.40	133.48		1.00			136.20			
990760050			1000	497.22	163.11	17.50	22.40		152.40	141.81		1.00			144.70			
990761010	摩擦压力机	压力（kN）	1600	273.54	52.58	2.82	4.46		172.72	40.96		1.00			41.80			
990761020			3000	398.21	115.00	6.17	9.75		172.72	94.57		1.00			96.50			
990762010	开式可倾压力机		630	275.06	40.77	2.19	3.66		215.90	12.54		1.00			12.80			
990762020			800	301.20	53.36	2.86	4.78		215.90	24.30		1.00			24.80			
990762030			1250	342.16	80.43	4.32	7.21		215.90	34.30		1.00			35.00			

续表

编码	机械名称	性能规格		台班单价	费用组成							人工及燃料动力用量						
					折旧费	检修费	维护费	安拆费及场外运费	人工费	燃料动力费	其他费	人工	汽油	柴油	电	煤	木柴	水
				元	元	元	元	元	元	元	元	工日	kg	kg	kW·h	kg	kg	m^3
												103.63	7.56	8.98	0.98	0.76	0.18	6.21
990763010	液压机	压力(kN)	500	320.50	68.45	7.34	9.40		152.40	82.91		1.00			84.60			
990763020			800	336.79	71.62	7.68	9.83		152.40	95.26		1.00			97.20			
990763030			1000	348.79	76.44	8.21	10.51		152.40	101.23		1.00			103.30			
990763040			1200	373.52	79.56	8.53	10.92		152.40	122.11		1.00			124.60			
990763050			2000	396.41	83.99	9.02	11.55		152.40	139.45		1.00			142.30			
990763060			5000	448.58	92.86	9.96	12.75		152.40	180.61		1.00			184.30			
990763070			8000	852.33	372.35	39.96	51.15		152.40	236.47		1.00			241.30			
990763080			12000	1232.09	414.49	44.48	56.93		152.40	563.79		1.00			575.30			
990764010	液压压接机	压力(t)	100	138.17	28.18	1.52	1.61	5.63		101.23					103.30			
990764020			200	212.53	46.79	10.03	10.63	5.63		139.45					142.30			
990765010	钢筋挤压连接机	直径(mm)	40	37.60	13.33	0.72	1.58	7.03		14.94					15.24			
990766010	风动锻钎机			27.10	10.47	1.13	0.79	14.71										
990767010	液压锻钎机	功率(kW)	11	111.67	14.37	1.54	1.08	14.71		79.97					81.60			
990768010	电动修钎机			137.49	20.34	2.18	1.48	14.71		98.78					100.80			
990769010	磨砖机	功率(kW)	4	26.25	7.13	0.39	0.49	8.44		9.80					10.00			
990769020			4.5	28.07	7.72	0.41	0.52	8.44		10.98					11.20			
990770010	切砖机		1.7	25.09	7.96	0.43	0.42	8.44		7.84					8.00			
990770020			2.2	29.33	10.33	0.56	0.54	8.44		9.46					9.65			
990770030			2.8	32.28	12.47	0.68	0.66	8.44		10.03					10.23			
990770040			5.5	37.46	15.32	0.84	0.81	8.44		12.05					12.30			

续表

编码	机械名称	性能规格		台班单价	费用组成							人工及燃料动力用量						
					折旧费	检修费	维护费	安拆费及场外运费	人工费	燃料动力费	其他费	人工	汽油	柴油	电	煤	木柴	水
				元	元	元	元	元	元	元	元	工日	kg	kg	kW·h	kg	kg	m^3
												103.63	7.56	8.98	0.98	0.76	0.18	6.21
990771010	钻砖机	功率（kW）	13	17.50	3.09	0.18	0.30	8.44		5.49					5.60			
990772010	岩石切割机		3	55.58	32.78	1.68	1.63	8.44		11.05					11.28			
990773010	平面水磨石机		3	24.84	2.66	0.15	1.28	7.03		13.72					14.00			
990774010	立面水磨石机		1.1	25.74	6.56	0.35	2.98	7.03		8.82					9.00			
990775010	喷砂除锈机	能力（m^3/min）	3	42.82	7.41	0.80	1.14	5.63		27.84					28.41			
990776010	抛丸除锈机	直径（mm）	219	330.35	230.91	24.79	35.45	5.63		33.57					34.26			
990776020			500	440.06	314.45	33.75	48.26	5.63		37.97					38.74			
990776030			1000	766.81	570.82	61.25	87.59	5.63		41.52					42.37			
990777010	涂料机	处理直径（mm）	300	31.41	3.09	0.36	0.38	5.63		21.95					22.40			
990777020			1000	35.74	5.62	0.66	0.70	5.63		23.13					23.60			
990777030			2000	38.40	6.89	0.81	0.86	5.63		24.21					24.70			
990777040			3000	40.27	7.68	0.91	0.96	5.63		25.09					25.60			
990778010	万能母线煨弯机			34.90	9.96	0.53	1.17	7.03		16.21					16.54			
990779010	封口机			42.93	22.17	1.19	2.62	7.03		9.92					10.12			
990780010	对口器	直径（mm）	426	38.91	27.12	2.91	4.66	4.22										
990780020			529	41.18	28.90	3.10	4.96	4.22										
990780030			720	75.87	56.02	6.01	9.62	4.22										
990781010	钢绞线横穿孔机	功率（kW）	40	442.92	356.05	19.10	42.02	7.03		18.72					19.10			
990782010	数控钢筋调直切断机	直径（mm）	1.8～3	200.84	23.30	4.25	3.19	4.96	152.4	12.74		1.00			13.00			
990782020			3～7	331.71	83.87	15.30	11.48	4.96	152.4	63.70		1.00			65.00			

八、泵类机械

编码	机械名称	性能规格 出口直径(mm)	性能规格 扬程(m)	台班单价	费用组成 折旧费	检修费	维护费	安拆费及场外运费	人工费	燃料动力费	其他费	人工及燃料动力用量 人工	汽油	柴油	电	煤	木柴	水
				元	元	元	元	元	元	元	元	工日	kg	kg	kW·h	kg	kg	m^3
												103.63	7.56	8.98	0.98	0.76	0.18	6.21
990801010	电动单级离心清水泵	50		34.35	1.98	0.82	1.98	7.03		22.54					23.00			
990801020	电动单级离心清水泵	100		42.65	3.01	1.23	2.96	7.03		28.42					29.00			
990801030	电动单级离心清水泵	150		73.14	4.28	1.75	4.22	7.03		55.86					57.00			
990801040	电动单级离心清水泵	200		113.52	5.62	2.28	5.49	7.03		93.10					95.00			
990801050	电动单级离心清水泵	250		178.77	8.31	3.38	8.15	7.03		151.90					155.00			
990802010	内燃单级离心清水泵	50		39.87	3.48	1.42	2.54	7.03		25.40			3.36					
990802020	内燃单级离心清水泵	100		70.85	6.10	2.48	4.44	7.03		50.80			6.72					
990802030	内燃单级离心清水泵	150		94.25	9.10	3.72	6.66	7.03		67.74			8.96					
990802040	内燃单级离心清水泵	200		121.83	14.09	5.75	10.29	7.03		84.67			11.20					
990802050	内燃单级离心清水泵	250		160.60	28.26	11.53	20.64	7.03		93.14			12.32					
990803010	电动多级离心清水泵	50		64.59	5.07	2.07	5.34	7.03		45.08					46.00			
990803020	电动多级离心清水泵	100	120 以下	206.84	9.34	3.82	9.86	7.03		176.79					180.40			
990803030	电动多级离心清水泵	100	120 以上	294.00	12.75	5.18	13.36	7.03		255.68					260.90			
990803040	电动多级离心清水泵	150	180 以下	352.89	20.03	8.18	21.10	7.03		296.55					302.60			
990803050	电动多级离心清水泵	150	180 以上	383.67	28.50	11.63	30.01	7.03		306.50					312.76			
990803060	电动多级离心清水泵	200	280 以下	432.75	31.75	12.93	33.36	7.03		347.68					354.78			
990803070	电动多级离心清水泵	200	280 以上	481.78	39.74	16.22	41.85	7.03		376.94					384.63			

续表

编码	机械名称	性能规格		台班单价	费用组成							人工及燃料动力用量						
					折旧费	检修费	维护费	安拆费及场外运费	人工费	燃料动力费	其他费	人工	汽油	柴油	电	煤	木柴	水
				元	元	元	元	元	元	元	元	工日	kg	kg	kW · h	kg	kg	m^3
												103.63	7.56	8.98	0.98	0.76	0.18	6.21
990804010	单级自吸水泵	出口直径（mm）	150	307.98	16.15	2.59	5.23	5.63		278.38				31.00				
990805010	污水泵		70	99.61	2.76	0.45	1.46	7.03		87.91					89.70			
990805020			100	140.58	6.56	1.06	3.43	7.03		122.50					125.00			
990805030			150	246.64	9.60	1.55	5.02	7.03		223.44					228.00			
990805040			200	363.97	30.78	4.95	16.04	7.03		305.17					311.40			
990806010	泥浆泵		50	54.81	4.56	0.74	2.40	7.03		40.08					40.90			
990806020			100	266.02	17.29	2.78	9.01	7.03		229.91					234.60			
990807010	耐腐蚀泵		40	43.58	6.08	0.98	5.28	7.03		24.21					24.70			
990807020			50	61.27	7.98	1.28	6.90	7.03		38.08					38.86			
990807030			80	154.02	8.08	1.30	7.01	7.03		130.60					133.27			
990807040			100	232.85	9.31	1.50	8.09	7.03		206.92					211.14			
990808010	真空泵	抽气速度（m^3/h）	204	74.79	9.03	1.46	3.14	8.44		52.72					53.80			
990808020			660	144.50	10.36	1.67	3.59	8.44		120.44					122.90			
990809010	潜水泵	出口直径（mm）	50	29.34	1.98	0.33	1.80	5.63		19.60					20.00			
990809020			100	35.94	2.85	0.46	2.50	5.63		24.50					25.00			
990809030			150	68.32	6.73	1.08	5.88	5.63		49.00					50.00			

续表

编码	机械名称	性能规格		台班单价	费用组成							人工及燃料动力用量						
					折旧费	检修费	维护费	安拆费及场外运费	人工费	燃料动力费	其他费	人工	汽油	柴油	电	煤	木柴	水
				元	元	元	元	元	元	元	元	工日	kg	kg	kW·h	kg	kg	m^3
												103.63	7.56	8.98	0.98	0.76	0.18	6.21
990810010	砂泵	出口直径(mm)	65	111.16	8.19	1.33	5.00	8.44		88.20					90.00			
990810020			100	160.61	17.93	2.90	10.90	8.44		120.44					122.90			
990810030			125	282.27	30.04	4.85	18.24	8.44		220.70					225.20			
990811010	高压油泵	压力(MPa)	50	145.30	5.07	0.82	2.73	5.63		131.05					133.72			
990811020			80	228.89	8.00	1.29	4.30	5.63		209.67					213.95			
990812010	齿轮油泵	流量(L/min)	2.5	106.33	2.61	0.42	1.40	5.63		96.27					98.23			
990813005	试压泵	压力(MPa)	2.5	17.87	1.58	0.26	0.79	5.63		9.61					9.81			
990813010			3	21.35	3.09	0.49	1.49	5.63		10.65					10.87			
990813015			4	21.88	3.17	0.52	1.58	5.63		10.98					11.20			
990813020			6	24.13	3.40	0.55	1.67	5.63		12.88					13.14			
990813025			10	26.07	3.96	0.63	1.92	5.63		13.93					14.21			
990813030			25	27.65	4.28	0.68	2.07	5.63		14.99					15.30			
990813035			30	28.16	4.35	0.70	2.13	5.63		15.35					15.66			
990813040			35	28.52	4.43	0.72	2.19	5.63		15.55					15.87			
990813045			60	30.14	4.59	0.73	2.22	5.63		16.97					17.32			
990813050			80	33.28	5.86	0.94	2.86	5.63		17.99					18.36			
990814010	射流井点泵	最大抽吸深度(m)	9.5	76.99	5.70	2.73	10.16	5.63		52.77					53.85			

九、焊接机械

编码	机械名称	性能规格		台班单价	费用组成							人工及燃料动力用量						
					折旧费	检修费	维护费	安拆费及场外运费	人工费	燃料动力费	其他费	人工	汽油	柴油	电	煤	木柴	水
				元	元	元	元	元	元	元	元	工日	kg	kg	kW·h	kg	kg	m^3
												103.63	7.56	8.98	0.98	0.76	0.18	6.21
990901010	交流弧焊机	容量（kV·A）	21	75.76	2.09	0.43	1.43	12.75		59.06					60.27			
990901020			32	112.67	2.85	0.57	1.90	12.75		94.60					96.53			
990901030			40	148.32	3.17	0.65	2.16	12.75		129.59					132.23			
990901040			42	158.65	3.42	0.70	2.33	12.75		139.45					142.30			
990901050			50	172.74	3.55	0.72	2.40	12.75		153.32					156.45			
990901060			80	233.02	4.12	0.83	2.76	12.75		212.56					216.90			
990902010	硅整流弧焊机		15	59.09	5.38	0.86	2.97	11.95		37.93					38.70			
990902020			20	73.28	6.27	1.01	3.48	11.95		50.57					51.60			
990902030			25	81.38	8.23	1.33	4.59	11.95		55.28					56.41			
990903010	多功能弧焊整流器	电流（A）	630	95.19	11.80	2.42	7.07	12.75		61.15					62.40			
990903020			1000	129.41	17.97	3.67	10.72	12.75		84.30					86.02			
990904010	直流弧焊机	容量（kV·A）	10	53.98	2.85	0.58	2.32	12.75		35.48					36.20			
990904020			14	70.09	4.05	0.83	3.32	12.75		49.14					50.14			
990904030			20	94.21	5.32	1.09	4.04	12.75		71.01					72.46			
990904040			32	117.05	6.40	1.31	4.86	12.75		91.73					93.60			
990904050			40	123.74	8.17	1.66	6.16	12.75		95.00					96.94			

续表

编码	机械名称	性能规格		台班单价	费用组成							人工及燃料动力用量						
					折旧费	检修费	维护费	安拆费及场外运费	人工费	燃料动力费	其他费	人工	汽油	柴油	电	煤	木柴	水
				元	元	元	元	元	元	元	元	工日	kg	kg	kW·h	kg	kg	m^3
												103.63	7.56	8.98	0.98	0.76	0.18	6.21
990905010	汽油电焊机	电流（A）	160	240.86	13.03	2.66	3.17	9.56		212.44			28.10					
990905020			300	273.43	19.14	3.91	4.65	9.56		236.17			31.24					
990906010	柴油电焊机		500	350.91	22.66	4.63	5.51	9.56		308.55				34.36				
990907010	拖拉机驱动弧焊机	单弧		599.82	61.43	12.53	6.64	12.75		506.47				56.40				
990907020		二弧		767.92	73.85	15.09	8.00	12.75		658.23				73.30				
990907030		四弧		1289.51	386.21	65.56	34.75	12.75		790.24				88.00				
990908010	点焊机	容量（kV·A）	50	125.30	6.33	1.29	3.77	12.75		101.16					103.22			
990908020			75	179.21	8.30	1.69	4.93	12.75		151.54					154.63			
990908030			100	240.74	14.38	2.93	8.56	12.75		202.12					206.24			
990909010	多头点焊机		6×35	371.95	35.02	5.48	16.00	12.75		302.70					308.88			
990910010	对焊机		10	34.24	2.96	0.60	1.88	12.75		16.05					16.38			
990910020			25	61.33	4.56	0.94	2.94	12.75		40.14					40.96			
990910030			75	144.89	6.84	1.39	4.35	12.75		119.56					122.00			
990910040			150	150.44	7.68	1.58	4.95	12.75		123.48					126.00			
990911010	热熔对接焊机	直径（mm）	160	19.05	1.67	0.34	0.36	12.75		3.93					4.01			
990911020			250	23.18	2.51	0.51	0.54	12.75		6.87					7.01			

续表

编码	机械名称	性能规格		台班单价	费用组成							人工及燃料动力用量						
					折旧费	检修费	维护费	安拆费及场外运费	人工费	燃料动力费	其他费	人工	汽油	柴油	电	煤	木柴	水
				元	元	元	元	元	元	元	元	工日	kg	kg	kW·h	kg	kg	m^3
												103.63	7.56	8.98	0.98	0.76	0.18	6.21
990911030	热熔对接焊机	直径（mm）	630	54.99	7.22	1.47	1.56	12.75		31.99					32.64			
990911040			800	65.68	7.52	1.54	1.63	12.75		42.24					43.10			
990912010	氩弧焊机	电流（A）	500	116.83	16.63	2.68	9.11	19.12		69.29					70.70			
990913010	二氧化碳气体保护焊机		250	74.07	15.56	2.50	12.88	19.12		24.01					24.50			
990913020			500	151.43	39.78	6.40	32.96	19.12		53.17					54.26			
990914010	等离子弧焊机		300	272.57	30.04	4.85	26.19	19.12		192.37					196.30			
990915010	自动埋弧焊机		500	134.36	16.78	1.98	10.53	12.75		92.32					94.20			
990915020			1200	238.94	22.29	2.63	13.99	12.75		187.28					191.10			
990915030			1500	337.71	27.61	3.26	17.34	12.75		276.75					282.40			
990916010	电渣焊机		1000	208.27	34.45	4.07	12.94	12.75		144.06					147.00			
990917010	缝焊机	容量（kV·A）	150	402.59	22.55	2.67	8.49	12.75		356.13					363.40			
990918010	土工膜焊接机	厚度（mm）	8～160	44.49	4.26	0.86	2.51	12.75		24.11					24.60			
990919010	电焊条烘干箱	容量（cm^3）	45×35×45	19.76	4.28	0.69	1.19	7.03		6.57					6.70			
990919020			55×45×55	25.61	6.10	0.98	1.70	7.03		9.80					10.00			
990919030			60×50×75	31.96	7.84	1.27	2.20	7.03		13.62					13.90			
990919040			80×80×100	62.93	11.80	1.90	3.29	7.03		38.91					39.70			
990919050			75×105×135	90.01	12.75	2.05	3.55	7.03		64.63					65.95			

十、动 力 机 械

编码	机械名称	性能规格		台班单价	费用组成							人工及燃料动力用量						
					折旧费	检修费	维护费	安拆费及场外运费	人工费	燃料动力费	其他费	人工	汽油	柴油	电	煤	木柴	水
				元	元	元	元	元	元	元	元	工日	kg	kg	kW·h	kg	kg	m^3
												103.63	7.56	8.98	0.98	0.76	0.18	6.21
991001010	汽油发电机组	功率(kW)	3	100.68	2.36	0.55	2.12	18.16		77.49			10.25					
991001020			6	145.29	5.57	1.32	5.10	18.16		115.14			15.23					
991001030			10	179.55	9.33	2.20	8.49	18.16		141.37			18.70					
991002005	柴油发电机组		30	493.73	19.04	4.50	14.67	21.79		433.73				48.30				
991002010			50	710.84	21.62	5.11	16.66	21.79		645.66				71.90				
991002015			60	726.38	23.56	5.56	18.13	21.79		657.34				73.20				
991002020			75	730.28	25.50	6.02	19.63	21.79		657.34				73.20				
991002025			90	1033.57	26.73	6.31	20.57	21.79		958.17				106.70				
991002030			100	1132.63	28.12	6.64	21.65	21.79		1054.43				117.42				
991002035			120	1483.78	35.85	8.46	27.58	21.79		1390.10				154.80				
991002040			150	1814.20	45.68	10.78	35.14	21.79		1700.81				189.40				
991002045			200	2331.65	72.62	17.15	55.91	21.79		2164.18				241.00				
991002050			300	3480.90	106.99	25.25	68.93	21.79		3257.94				362.80				
991002055			400	3546.08	110.03	25.97	70.90	21.79		3317.39				369.42				
991003010	电动空气压缩机	排气量(m^3/min)	0.3	35.85	1.30	0.42	2.01	16.34		15.78					16.10			
991003020			0.6	45.03	1.73	0.56	2.68	16.34		23.72					24.20			
991003030			1	63.05	2.54	0.81	3.87	16.34		39.49					40.30			

续表

编码	机械名称	性能规格		台班单价	费用组成							人工及燃料动力用量						
					折旧费	检修费	维护费	安拆费及场外运费	人工费	燃料动力费	其他费	人工	汽油	柴油	电	煤	木柴	水
				元	元	元	元	元	元	元	元	工日	kg	kg	kW·h	kg	kg	m^3
												103.63	7.56	8.98	0.98	0.76	0.18	6.21
991003040	电动空气压缩机	排气量（m^3/min）	3	153.74	16.03	5.15	10.87	16.34		105.35					107.50			
991003050			6	276.24	24.57	7.92	16.71	16.34		210.70					215.00			
991003060			9	430.01	35.31	11.37	23.99	16.34		343.00					350.00			
991003070			10	483.50	35.98	11.59	24.45	16.34		395.14					403.20			
991003080			20	677.68	67.46	21.72	45.83	28.54		514.13					524.62			
991003090			40	934.03	156.13	50.26	82.93	28.54		616.17					628.74			
991004010	内燃空气压缩机		3	300.41	19.62	8.00	26.56	16.34		229.89				25.60				
991004020			6	434.82	33.83	13.79	45.78	16.34		325.08				36.20				
991004030			9	597.97	43.13	17.60	58.43	16.34		462.47				51.50				
991004040			12	743.81	51.72	21.10	70.05	16.34		584.60				65.10				
991004050			17	1588.45	62.47	25.47	84.56	28.54		1387.41				154.50				
991004060			30	3533.21	146.77	47.25	156.87	28.54		3153.78				351.20				
991004070			40	4996.80	155.41	63.37	150.82	28.54		4598.66				512.10				
991005010	无油空气压缩机		9	454.32	57.34	23.37	32.25	28.54		312.82					319.20			
991005020			20	818.12	135.93	55.41	76.47	28.54		521.77					532.42			
991006010	工业锅炉	蒸发量（t/h）	1	1109.68	85.03	14.59	7.59	80.26		922.21						1150.00	16.00	7.30
991006020			2	1939.70	92.98	15.96	8.30	80.26		1742.20						2173.00	21.00	14.00
991006030			4	2509.04	150.58	25.85	13.44	80.26		2238.91						2785.00	24.00	19.00

十一、地下工程机械

编码	机械名称	性能规格		台班单价	费用组成							人工及燃料动力用量						
					折旧费	检修费	维护费	安拆费及场外运费	人工费	燃料动力费	其他费	人工	汽油	柴油	电	煤	木柴	水
				元	元	元	元	元	元	元	元	工日	kg	kg	kW·h	kg	kg	m^3
												103.63	7.56	8.98	0.98	0.76	0.18	6.21
991101010	干式出土盾构掘进机	直径（mm）	3500	1186.27	776.72	150.02	259.53											
991101020			4000	1690.43	1106.81	213.78	369.84											
991101030			5000	1776.42	1163.10	224.66	388.66											
991101040			6000	2156.69	1412.08	272.75	471.86											
991101050			7000	2355.28	1542.12	297.86	515.30											
991101060			10000	4153.97	2719.79	525.34	908.84											
991101070			12000	5487.00	3592.60	693.92	1200.48											
991102010	水力出土盾构掘进机		3500	1300.80	888.78	152.60	259.42											
991102020			5000	1830.30	1250.58	214.71	365.01											
991102030			6000	2246.19	1534.74	263.50	447.95											
991102040			7000	2382.39	1627.79	279.48	475.12											
991102050			10000	4318.59	2950.74	506.61	861.24											
991102060			12000	7154.13	4888.15	839.25	1426.73											
991103010	气压平衡式盾构掘进机		3500	2399.93	1673.14	287.27	439.52											
991103020			5000	2722.89	1898.31	325.92	498.66											
991103030			7000	3652.96	2546.72	437.25	668.99											
991104010	刀盘式干出土土压平衡盾构掘进机		3500	2174.73	1423.90	275.03	475.80											
991104020			4000	2306.15	1509.95	291.65	504.55											
991104030			5000	3649.85	2389.74	461.58	798.53											

续表

编码	机械名称	性能规格		台班单价	费用组成							人工及燃料动力用量						
					折旧费	检修费	维护费	安拆费及场外运费	人工费	燃料动力费	其他费	人工	汽油	柴油	电	煤	木柴	水
				元	元	元	元	元	元	元	元	工日	kg	kg	kW·h	kg	kg	m^3
												103.63	7.56	8.98	0.98	0.76	0.18	6.21
991104040	刀盘式干出土土压平衡盾构掘进机	直径（mm）	6000	4197.80	2748.50	530.88	918.42											
991104050			7000	4554.51	2982.03	576.00	996.48											
991104060			10000	11530.67	7549.67	1458.24	2522.76											
991104070			12000	14825.14	9706.72	1874.88	3243.54											
991105010	刀盘式水力出土泥水平衡盾构掘进机		3500	2479.99	1629.95	314.83	535.21											
991105020			5000	3801.43	2498.46	482.58	820.39											
991105030			6000	4283.33	2842.02	533.82	907.49											
991105040			7000	4826.36	3172.07	612.70	1041.59											
991105050			10000	12340.50	8110.68	1566.60	2663.22											
991105060			12000	15596.01	10250.33	1979.88	3365.80											
991106010	盾构同步压浆泵	D2.1m×7m		673.10	309.68	39.88	46.66	40.77	185.05	51.06		1.00			52.10			
991107010	盾构医疗闸设备	D2.1m×7m		331.48	96.05	12.37	27.34	28.54	129.54	37.64		1.00			38.41			
991108010	垂直顶升设备			1800.14	231.48	29.81	58.43	38.05	863.58	578.79		5.00			590.60			
991109010	履带式抓斗成槽机	槽宽（mm）	600	2325.42	698.77	164.97	232.61		235.52	993.55		2.00		110.64				
991109020			800	3376.43	1210.35	285.74	402.89		235.52	1241.93		2.00		138.30				
991109030			1000	4183.79	1388.56	327.77	462.16		235.52	1769.78		2.00		197.08				
991109040			1200	4888.14	1824.69	430.76	607.37		235.52	1789.80		2.00		199.31				
991110010	导杆式液压抓斗成槽机			4955.68	2073.32	489.46	690.14		235.52	1467.24		2.00		163.39				
991111010	井架式液压抓斗成槽机			1052.88	129.67	30.61	149.99		471.05	271.56		4.00			277.10			

续表

编码	机械名称	性能规格		台班单价	费用组成							人工及燃料动力用量						
					折旧费	检修费	维护费	安拆费及场外运费	人工费	燃料动力费	其他费	人工	汽油	柴油	电	煤	木柴	水
				元	元	元	元	元	元	元	元	工日	kg	kg	kW·h	kg	kg	m^3
												103.63	7.56	8.98	0.98	0.76	0.18	6.21
991112010	超声波测壁机			107.97	40.74	9.62	15.87	5.63		36.11					36.85			
991113010	泥浆制作循环设备			1394.85	696.70	44.86	67.74	91.73		493.82					503.90			
991114010	锁口管顶升机			495.64	53.83	5.20	22.83	5.63	345.43	62.72		2.00			64.00			
991115010	潜水电钻	75 型		138.04	33.49	2.16	5.01	19.12		78.26					79.86			
991115020		80 型		169.41	43.58	2.80	6.50	19.12		97.41					99.40			
991116010	工程地质液压钻机			686.64	43.23	4.18	4.47	12.75	345.43	276.58		2.00		30.80				
991117005	刀盘式土压平衡顶管掘进机	管径(mm)	1400	544.35	373.58	60.13	110.64											
991117010			1650	557.39	382.53	61.57	113.29											
991117015			1800	712.26	488.81	78.68	144.77											
991117020			2000	795.92	546.23	87.92	161.77											
991117025			2200	859.91	590.14	94.99	174.78											
991117030			2400	1556.97	1068.52	171.99	316.46											
991117035			2460	1664.70	1142.45	183.89	338.36											
991117040			2600	1699.57	1166.39	187.74	345.44											
991117045			2800	1740.11	1194.21	192.22	353.68											
991117050			3000	1867.47	1281.61	206.29	379.57											
991118005	刀盘式泥水平衡顶管掘进机		600	477.80	327.90	52.78	97.12											
991118010			800	484.13	332.25	53.48	98.40											
991118015			1000	496.18	340.52	54.81	100.85											

续表

编码	机械名称	性能规格		台班单价	费用组成							人工及燃料动力用量						
					折旧费	检修费	维护费	安拆费及场外运费	人工费	燃料动力费	其他费	人工	汽油	柴油	电	煤	木柴	水
				元	元	元	元	元	元	元	元	工日	kg	kg	kW·h	kg	kg	m^3
												103.63	7.56	8.98	0.98	0.76	0.18	6.21
991118020	刀盘式泥水平衡顶管掘进机	管径（mm）	1200	549.40	377.04	60.69	111.67											
991118025			1400	586.18	402.29	64.75	119.14											
991118030			1600	792.11	543.61	87.50	161.00											
991118035			1800	973.36	668.00	107.52	197.84											
991118040			2000	1233.16	846.30	136.22	250.64											
991118045			2200	1556.97	1068.52	171.99	316.46											
991118050			2400	1803.48	1237.70	199.22	366.56											
991118055			2600	2075.35	1424.28	229.25	421.82											
991118060			3000	2170.41	1489.52	239.75	441.14											
991119010	挤压法顶管设备		1000	188.02	23.35	3.76	10.30	3.75		146.86					149.86			
991119020			1200	194.03	27.11	4.36	11.95	3.75		146.86					149.86			
991119030			1400	236.64	27.78	4.47	12.25	3.75		188.39					192.23			
991119040			1500	247.77	32.26	5.20	14.25	3.75		192.31					196.23			
991119050			1650	262.38	38.93	6.27	17.18	3.75		196.25					200.26			
991119060			1800	331.59	58.90	9.48	25.98	3.75		233.48					238.24			
991119070			2000	339.27	60.72	9.77	26.77	3.75		238.26					243.12			
991119080			2200	378.93	83.52	13.44	36.83	3.75		241.39					246.32			
991119090			2400	443.43	121.14	19.49	53.40	3.75		245.65					250.66			

续表

编码	机械名称	性能规格		台班单价	费用组成							人工及燃料动力用量						
					折旧费	检修费	维护费	安拆费及场外运费	人工费	燃料动力费	其他费	人工	汽油	柴油	电	煤	木柴	水
				元	元	元	元	元	元	元	元	工日	kg	kg	kW·h	kg	kg	m^3
												103.63	7.56	8.98	0.98	0.76	0.18	6.21
991120010	遥控顶管掘进机	管径（mm）	800	1649.52	941.56	151.55	278.85	25.37		252.19					257.34			
991120020			1200	1785.59	1032.42	166.18	305.77	25.37		255.85					261.07			
991120030			1350	1937.59	1118.55	180.04	331.27	25.37		282.36					288.12			
991120040			1650	2073.74	1193.79	192.15	353.56	25.37		308.87					315.17			
991120050			1800	2265.42	1322.95	212.94	391.81	25.37		312.35					318.72			
991121010	人工挖土法顶管设备		1200	171.54	11.23	1.81	7.89	3.75		146.86					149.86			
991121020			1650	226.36	14.14	2.28	9.94	3.75		196.25					200.26			
991121030			2000	277.49	15.07	2.43	10.59	3.75		245.65					250.66			
991121040			2460	279.93	15.33	2.46	10.73	3.75		247.66					252.71			
991122010	液压柜（动力系统）			245.22	7.18	0.69	3.73	3.75		229.87					234.56			
991123010	悬臂式掘进机	功率（kW）	318	5825.08	5566.58	91.02	167.48											
991124010	轨道车		120	325.03	166.20	42.81	116.02											
991124020			210	522.88	267.41	68.86	186.61											
991124030			290	595.00	304.28	78.36	212.36											
991125010	电力机车			1468.72	751.09	193.43	524.20											
991126010	动力稳定车			5055.55	2585.36	665.82	1804.37											
991127010	配砟整形车	工作能力（m/h）	1200	1801.89	921.47	237.31	643.11											
991128010	起拔道揭固车		1100	6065.30	3101.71	798.81	2164.78											
991129010	电气化安装作业车			1033.55	528.54	136.12	368.89											
991130010	移动式焊轨机组			5949.68	3042.60	783.58	2123.50											

十二、其他机械

编码	机械名称	性能规格		台班单价	费用组成							人工及燃料动力用量						
					折旧费	检修费	维护费	安拆费及场外运费	人工费	燃料动力费	其他费	人工	汽油	柴油	电	煤	木柴	水
				元	元	元	元	元	元	元	元	工日	kg	kg	kW·h	kg	kg	m^3
												103.63	7.56	8.98	0.98	0.76	0.18	6.21
991201010	轴流通风机	功率(kW)	7.5	52.83	3.14	0.50	1.26	8.44		39.49					40.30			
991201020			30	181.27	9.41	1.52	3.83	8.44		158.07					161.30			
991201030			100	566.02	21.00	3.39	6.34	8.44		526.85					537.60			
991201040			150	683.72	95.38	15.36	28.72	8.44		535.82					546.76			
991201050			220	722.16	114.67	18.46	34.52	8.44		546.07					557.21			
991202010	离心通风机	能力(m^3/min)	1300	109.85	9.22	1.88	3.52	7.03		88.20					90.00			
991202020			1800	179.38	10.45	2.12	3.96	7.03		155.82					159.00			
991202030			2500	316.63	16.34	3.33	4.16	7.03		285.77					291.60			
991202040			3200	588.79	21.00	4.27	5.34	7.03		551.15					562.40			
991203010	吹风机		4	23.30	5.13	0.82	2.07	8.44		6.84					6.98			
991204010	鼓风机		8	30.47	4.56	0.74	1.79	8.44		14.94					15.24			
991204020			18	48.08	15.01	2.41	5.83	8.44		16.39					16.72			
991204030			50	69.90	27.84	4.47	10.82	8.44		18.33					18.70			

续表

编码	机械名称	性能规格		台班单价	费用组成							人工及燃料动力用量						
					折旧费	检修费	维护费	安拆费及场外运费	人工费	燃料动力费	其他费	人工	汽油	柴油	电	煤	木柴	水
				元	元	元	元	元	元	元	元	工日	kg	kg	kW·h	kg	kg	m^3
												103.63	7.56	8.98	0.98	0.76	0.18	6.21
991204040	鼓风机	能力（m^3/min）	129	85.17	36.67	5.91	14.30	8.44		19.85					20.26			
991204050			700	582.48	356.63	57.41	138.93	8.44		21.07					21.50			
991205010	反吸式除尘机	D2－FX1		87.20	26.44	4.26	4.81	5.63		46.06					47.00			
991206010	组合烘箱			164.64	19.32	3.11	3.20	5.63		133.38					136.10			
991207010	箱式加热炉	功率（kW）	45	157.75	15.87	0.85	0.90	6.75		133.38					136.10			
991207020			50	183.41	25.84	1.38	1.46	6.75		147.98					151.00			
991207030			75	168.98	24.13	1.29	1.37	6.75		135.44					138.20			
991208010	硅整流充电机	90A/190V		89.13	8.17	0.44	1.39	5.63		73.50					75.00			
991209010	真空滤油机	能力（L/h）	6000	301.57	210.43	11.29	36.13	8.44		35.28					36.00			
991210010	潜水设备			96.31	26.13	4.21	58.94	7.03										
991211010	潜水减压仓			185.03	103.77	16.70	53.94	10.62										
991212010	通井机	功率（kW）	66	908.93	84.91	21.87	59.05		259.08	484.02		2.00		53.90				
991213010	高压压风机车		300	3722.90	245.56	63.24	177.07		152.40	3084.63		1.00		343.50				
991214010	井点降水钻机			18.06	2.30	0.92	2.22	7.03		5.59					5.70			

十三、单独计算的费用

1. 塔式起重机及施工电梯基础

编号	项目	单位	单价	费用组成			工料机用量																						
				人工费	材料费	机械费	人工	预拌混凝土AC30	钢筋D10以内	钢筋D10以外	石子	组合钢模板	木模板	枕木	轨道	水	零星卡具	零星材料费	钢轮内燃压路机12t	电动夯实机250N·m	汽车式起重机8t	载重汽车6t	机动翻斗车1t	钢筋调直机14mm	钢筋切断机40mm	钢筋弯曲机40mm	木工圆锯机500mm	交流弧焊机32kV·A	对焊机75kV·A
			元	元	元	元	工日	m^3	t	t	m^3	kg	m^3	m^3	kg	m^3	kg	元	台班	台班	台班	台班	台班	台班	台班	台班	台班	台班	台班
							103.63	340.00	3770.00	3880.00	60.00	4.30	1676.50	1048.00	4.08	6.21	4.95		590.67	32.17	780.19	508.70	194.76	42.73	52.02	30.40	32.88	112.67	144.89
1001	塔式起重机固定式基础(带配重)	座	6227.56	1608.34	4538.48	80.74	15.52	7.93	0.396			7.02	0.106			6.37	2.61	88.99		0.108	0.008	0.029	0.215	0.105	0.050	0.140	0.093		
1002	塔式起重机轨道式基础(双轨)	m	250.22	155.45	88.86	5.91	1.50				0.24			0.056	3.44			1.74	0.01										
1003	施工电梯固定式基础	座	6146.40	1474.65	4576.52	95.23	14.23	8.00		0.387		7.12	0.108			6.51	2.65	89.74		0.110	0.008	0.029	0.218	0.064	0.026	0.075	0.094	0.123	0.034

2. 安拆费

编号	项目	台次单价	费用组成			工料机用量									
			人工费	材料费	机械费	人工	带帽螺栓	镀锌铁丝	零星材料费	试车台班	汽车式起重机8t	汽车式起重机16t	汽车式起重机20t	汽车式起重机25t	汽车式起重机40t
		元	元	元	元	工日	套	kg	元	台班	台班	台班	台班	台班	台班
						103.63	0.29	9.03			780.19	1020.20	1107.50	1173.76	1695.14
2001	自升式塔式起重机	27466.77	12435.60	470.06	14561.11	120.00	64	50.00		0.50×1095.81			5.00		5.00
2002	柴油打桩机	9393.54	4145.20	59.65	5188.69	40.00	50	5.00		0.50×1266.23	3.00		2.00		

续表

编号	项目		台次单价	费用组成			工料机用量									
				人工费	材料费	机械费	人工	带帽螺栓	镀锌铁丝	零星材料费	试车台班	汽车式起重机8t	汽车式起重机16t	汽车式起重机20t	汽车式起重机25t	汽车式起重机40t
			元	元	元	元	工日	套	kg	元	台班	台班	台班	台班	台班	台班
							103.63	0.29	9.03			780.19	1020.20	1107.50	1173.76	1695.14
2003	静力压桩机	900kN 以内	6132.77	2487.12	22.42	3623.23	24.00			22.42	0.50×1256.08	1.00		2.00		
2004		1200kN 以内	8644.05	3730.68	29.94	4883.43	36.00			29.94	0.50×1561.48	1.00		3.00		
2005		1600kN 以内	11246.08	4974.24	37.58	6234.26	48.00			37.58	0.50×2048.14	1.00		4.00		
2006		4000kN 以内	13302.11	5181.50	41.08	8079.53	50.00			41.08	0.50×4178.30	2.00		4.00		
2007		10000kN 以内	14887.01	5388.76	41.99	9456.26	52.00			41.99	0.50×4716.75	2.00		5.00		
2008	架桥机	160t 以内	8392.35	3730.68		4661.67	36.00				0.50×1117.95	1.00		3.00		
2009	施工电梯	75m 以内	10420.99	5596.02	79.20	4745.77	54.00	24	8.00		0.50×309.74		4.50			
2010		100m 以内	12807.62	7461.36	79.20	5267.06	72.00	24	8.00		0.50×332.12		5.00			
2011		200m 以内	15859.22	9326.70	98.42	6434.10	90.00	28	10.00		0.50×625.80		6.00			
2012		300m 以内	17000.79	9326.70	117.64	7556.45	90.00	32	12.00		0.50×830.10		7.00			
2013	混凝土搅拌站		14830.17	9326.70		5503.47	90.00				0.50×2146.93			4.00		
2014	三轴搅拌桩机		10601.33	4145.20	195.10	6261.03	40.00	50	20.00		0.50×784.46				5.00	

3. 场外运费

编号	项目		台次单价	费用组成				工料机用量												
				人工费	材料费	机械费	回程费	人工	枕木	镀锌铁丝	橡胶板	草袋	本机使用台班	汽车式起重机20t	载重汽车4t	载重汽车8t	载重汽车15t	平板拖车组40t	平板拖车组60t	回程
			元	元	元	元	元	工日	m^3	kg	m^2	m^2	台班	台班	台班	台班	台班	台班	台班	%
								103.63	1048.00	9.03	21.70	1.93		1107.50	387.04	579.06	941.97	1584.88	1788.38	
3001	履带式挖掘机	$1m^3$ 以内	4539.73	1243.56	141.30	2246.92	907.95	12.00	0.08	5.00		6.38	0.50×1324.07					1.00		25.00
3002	履带式挖掘机	$1m^3$ 以外	5121.40	1243.56	192.63	2660.93	1024.28	12.00	0.08	10.00		9.58	0.50×1745.10						1.00	25.00
3003	履带式推土机	90kW 以内	3640.95	621.78	158.23	2132.75	728.19	6.00	0.08	5.00	0.78	6.38	0.50×1095.74					1.00		25.00
3004	履带式推土机	90kW 以外	4587.86	621.78	158.23	2890.28	917.57	6.00	0.08	5.00	0.78	6.38	0.50×2203.80						1.00	25.00
3005	履带式起重机	30t 以内	5805.48	1243.56	153.62	3247.20	1161.10	12.00	0.08	5.00		12.76	0.50×1033.70				1.00		1.00	25.00
3006	履带式起重机	50t 以内	7337.80	1243.56	153.62	4473.06	1467.56	12.00	0.08	5.00		12.76	0.50×1601.48				2.00		1.00	25.00
3007	强夯机械		9787.26	621.78	153.62	6215.50	2796.36	6.00	0.08	5.00		12.76	0.50×1323.20	1.00	2.00		2.00		1.00	40.00
3008	柴油打桩机	5t 以内	11417.39	1243.56	69.78	6841.94	3262.11	12.00		5.00		12.76		2.00		2.00	2.00	1.00		40.00
3009	柴油打桩机	5t 以外	12967.89	1243.56	69.78	7949.44	3705.11	12.00		5.00		12.76		3.00		2.00	2.00	1.00		40.00
3010	压路机		3140.73	518.15	114.21	1880.22	628.15	5.00	0.08	2.00		6.38	0.50×590.67					1.00		25.00
3011	锚杆钻孔机		12187.60	1243.56	69.78	7392.09	3482.17	12.00		5.00		12.76	0.50×2258.41	2.00		1.00	2.00	1.00		40.00
3012	沥青混凝土摊铺机		5198.36	829.04	153.62	3176.03	1039.67	8.00	0.08	5.00		12.76	0.50×3182.30					1.00		25.00
3013	静力压桩机	900kN 以内	17712.11	2487.12	69.78	10094.61	5060.60	24.00		5.00		12.76		2.00			5.00	2.00		40.00

编号	项目		台次单价	费用组成				工料机用量														
				人工费	材料费	机械费	回程费	人工	枕木	镀锌铁丝	草袋	本机使用台班	汽车式起重机8t	汽车式起重机20t	汽车式起重机25t	载重汽车8t	载重汽车10t	载重汽车15t	平板拖车组30t	平板拖车组40t	平板拖车组60t	回程
			元	元	元	元	元	工日	m^3	kg	m^2	台班	台班	台班	台班	台班	台班	台班	台班	台班	台班	%
								103.63	1048.00	9.03	1.93		780.19	1107.50	1173.76	579.06	641.08	941.97	1345.39	1584.88	1788.38	
3014	静力压桩机	1200kN 以内	20349.63	2487.12	69.78	11978.55	5814.18	24.00		5.00	12.76			2.00				7.00		2.00		40.00
3015		1600kN 以内	26278.63	3730.68	69.78	14969.99	7508.18	36.00		5.00	12.76			3.00				9.00		2.00		40.00
3016		4000kN 以内	30234.90	3730.68	69.78	17795.90	8638.54	36.00		5.00	12.76			3.00				12.00		2.00		40.00
3017		10000kN 以内	41916.78	3730.68	69.78	26140.10	11976.22	36.00		5.00	12.76			4.00				18.00		3.00		40.00
3018	履带式旋挖钻机		7711.43	1243.56	153.62	4771.96	1542.29	12.00	0.080	5.00	12.76	0.50×4083.22						1.00			1.00	25.00
3019	自升式塔式起重机		28846.04	4145.20	142.17	19751.00	4807.67	40.00	0.006	10.00	23.62		4.00	6.00		8.00		4.00		1.00		20.00
3020	架桥机	160t 以内	14858.07	3108.90	69.78	7434.23	4245.16	30.00		5.00	12.76			3.00				1.00		2.00		40.00
3021	施工电梯	75m 以内	11177.73	1036.30	79.23	7482.72	2579.48	10.00		7.00	8.30		3.00			4.00		3.00				30.00
3022		100m 以内	13618.66	1450.82	102.21	8922.86	3142.77	14.00		9.00	10.85		3.50			5.00		3.50				30.00
3023		200m 以内	18591.87	2072.60	143.68	12085.16	4290.43	20.00		12.50	15.96		5.00			6.00		5.00				30.00
3024		300m 以内	21907.89	2279.86	185.98	14386.38	5055.67	22.00		16.00	21.50		6.00			7.00		6.00				30.00
3025	混凝土搅拌站		11212.46	2694.38	57.46	5257.06	3203.56	26.00		5.00	6.38			2.00		2.00		2.00				40.00
3026	三轴搅拌桩机		8538.29	1036.30	69.78	5724.55	1707.66	10.00		5.00	12.76				1.00		5.00		1.00			25.00
3027	履带式抓斗成槽机		6043.09	1243.56	153.62	3437.29	1208.62	12.00	0.080	5.00	12.76	0.50×4183.79							1.00			25.00

主 编 单 位:住房和城乡建设部标准定额研究所
专业主编单位:天津市建设工程定额管理研究站
编 制 单 位:铁路工程定额所
专 家 组:胡传海 谢洪学 王美林 张丽萍 刘 智 徐成高 蒋玉翠 汪亚峰 吴佐民 洪金平 杨树海 王中和 薛长立
综合协调组:王海宏 胡晓丽 汪亚峰 吴佐民 洪金平 陈友林 王中和 薛长立 王振尧 蒋玉翠 张勇胜 张德清 白洁如 李艳海 刘大同 赵 彬
编 制 人 员:杨树海 高 迎 王中和 王玉利 黄丽艳 刘永俊 邢玉军 许宝林 陈国立 潘卓强
审 查 专 家:谢洪学 洪金平 汪正国 李鸿兴 张丽萍 刘 智 徐成高 汪亚峰 邓立俊
软件操作人员:张绪明 施有定 于 堃 张 桐